はじめに

人類はいつごろから夜空を見上げ、星を見ていたのだろうか。数千年前から、もしかすると文明が興るよりも遙か以前から、その存在に何の不思議を抱くこともなく、夜ごと天空にきらめく美しい星々を眺めていたのかもしれない。

やがて、人類は星に関心を持ちはじめた。そして、星の動きが地上の気候や気温の変化と規則的に結びつくことに気づいたときから、天体観測が発達し、やがて天体の運行に意味や役割、法則を見いだすようになっていった。

１６０９年、のちに「天文学の父」と称されるガリレオ・ガリレイが世界で初めて望遠鏡を夜空に向け、天体を観測した。精度のよくないレンズを通して見えたのは、無数に穴の空いた月面の様子や、周囲に４つの衛星を従えた木星の姿だった。

それから３６０年後の１９６９年7月、アメリカのアポロ11号が月面に着陸した。人類が初めて地球以外の天体に降り立った歴史的な出来事だ。

そして、それからさらに40年以上たった現在、人類は宇宙空間に浮かぶ国際宇宙ステーション（ＩＳＳ）に長期滞在し、小惑星からサンプルを持ち帰り、火星や木星、さらに遠くの惑星へ、数多くの探査機を送り出すまでになっている。

私たちはなぜこれほどまでに宇宙に魅せられ、宇宙の謎に挑みつづけているのか。その大きな原動力のひとつは「好奇心」ではないだろうか。人々の心の中にある「なぜ？　どうして？」という気持ち、そして、その疑問を解決したいという思いが、私たちを宇宙へ向かわせているのだろう。

「太陽系の惑星はどんな姿をしている？」「宇宙の果てはどうなっている？」「宇宙開発はどのように行われてきた？」――本書はそんな疑問に答えるべく、最新の情報を織り込みながら、太陽系や星雲、銀河の姿、宇宙開発の歴史や成果、将来計画についてわかりやすくまとめている。本書を通して、宇宙への興味を深めていただければ幸いである。

宇宙科学研究倶楽部

一冊でまるわかり！

宇宙

CONTENTS

※原稿中に登場する略称は以下の通り。
●JAXA＝宇宙航空研究開発機構（日本） ●NASA＝アメリカ航空宇宙局（アメリカ） ●ESA＝欧州宇宙機関（ヨーロッパ）
※ロケットの打ち上げや惑星探査機の探査開始等の年月日は、基本的に現地時間で表記しています。
※本書の情報は2014年7月15日現在のものです。
※本書の内容は、『宇宙がまるごとわかる本』と『宇宙開発がまるごとわかる本』（学研パブリッシング刊）に大幅に加筆・訂正を加え、再編集したものです。

写真クレジット●
表紙：NASA/JPL-Caltech ● iurii/Shutterstock.com ● NASA ● eddtoro/Shutterstock.com ● NASA
表2&1ページ：NASA
奥付&表3：NASA
表4：NASA/JPL ● NASA and The Hubble Heritage Team (AURA/STScI) ● NASA/Hubble/Z. Levay and J. Clarke ● NASA

第1部◎

最新の宇宙探査から見えてきた宇宙の姿

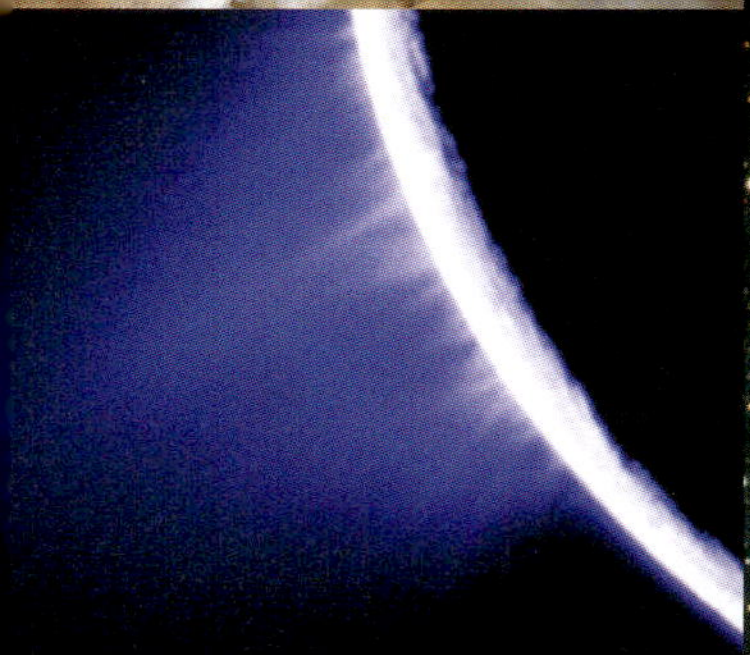

天文学は日進月歩の分野である。天体観測技術の向上によって、つい最近まで定説とされていたことが覆され、新たに得られた観測情報に基づいた新事実に書き換えられることがめずらしくない世界なのだ。

１９５９年、旧ソ連の月探査機「ルナ１号」が、人類史上初めて地球外の宇宙空間に達して以降、太陽系の各惑星に送り出された数多くの探査機や、さまざまな種類の天体望遠鏡と宇宙望遠鏡によって、想像を超える宇宙の姿が日々届けられている。

そこで、第１部では最新の探査情報とともに、私たちの地球が属する太陽系と、その先にある宇宙について見ていこう。

太陽系
Solar System

銀河に浮かぶ直径1光年の天体集団

宇宙の塵から誕生した太陽と太陽系

宇宙空間に漂う塵やガスなどの星間物質が集まって濃度が濃くなると、衝突や合体を繰り返すようになり、やがてある程度の質量を持つ「原始星」が形作られる。原始星とは「恒星」になる前段階の天体で、その重力によって星間物質を集めて質量を増やすと、内部で熱核融合が始まり、自ら光を放つ恒星になる。およそ46億年前、太陽系の恒星である太陽も、このようにして生まれたと推測される。

恒星の強い重力によって、さらに周囲の星間物質が集まり、恒星の周りをめぐるようになる。それらの星間物質同士は衝突・合体を繰り返し、小さな石から岩へ、そしていくつもの天体（微惑星や小惑星）へと成長する。それらの天体がさらに衝突を繰り返すことで、やがて惑星が形成されていく。地球をはじめとする惑星もこのようにして誕生し、現在の太陽系ができあがったと考えられている。

太陽をめぐる8つの惑星と太陽系の果て

太陽系は、太陽を中心に公転する8つの惑星と衛星、小惑星や彗星などの天体で構成されている。8つの惑星のうち、地球よりも太陽に近い軌道（地球の内側の軌道）をめぐる水星、金星を「内惑星」、太陽から遠い軌道（地球の外側の軌道）をめぐる火星、木星、土星、天王星、海王星を「外惑星」という。

また、地球や火星、水星、金星のように、主に岩石で構成された惑星を「地球型惑星」（または「岩石惑星」）と呼ぶ。一方、木星や土星のように、主にガスで構成された惑星を「木星型惑星」あるいは「巨大ガス惑星（ガスジャイアント）」、天王星や海王星のように、主に氷やメタンなどで構成された惑星を「天王星型惑星」あるいは「巨大氷惑星（アイスジャイアント）」と呼ぶ。

では、どこまでが太陽系の範囲になるのだろうか。太陽系の大きさには諸説あるが、太陽風（太陽から吹き出すプラズマ粒子）が星間物質とぶつかる境界面である「ヘリオポーズ」を太陽系の境界（太陽系の果て）と考える説が主流だ。太陽からヘリオポーズまでの距離は50～160天文単位※（AU）と推定されている。

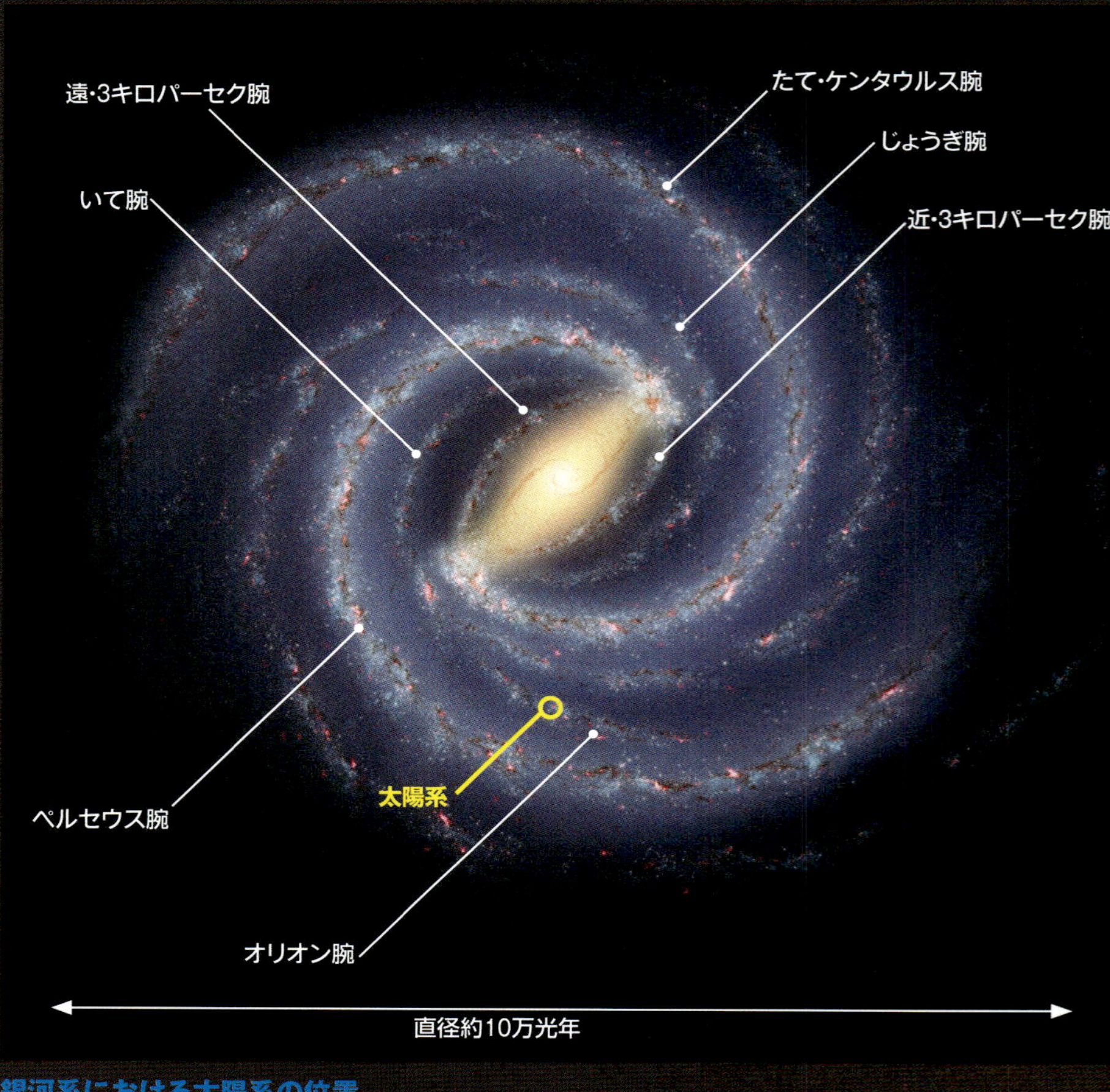

銀河系における太陽系の位置
銀河系のイメージ図。太陽系は、直径およそ10万光年の銀河系に属している。銀河の中心部分は棒状の構造を持っており、そこから伸びた腕《うで》（渦状腕）のひとつ、「オリオン腕」に含まれる。

※天文単位：天文学で用いる単位で、太陽と地球の平均距離（1億5000万キロメートル）を1とする尺度。単位はAU。

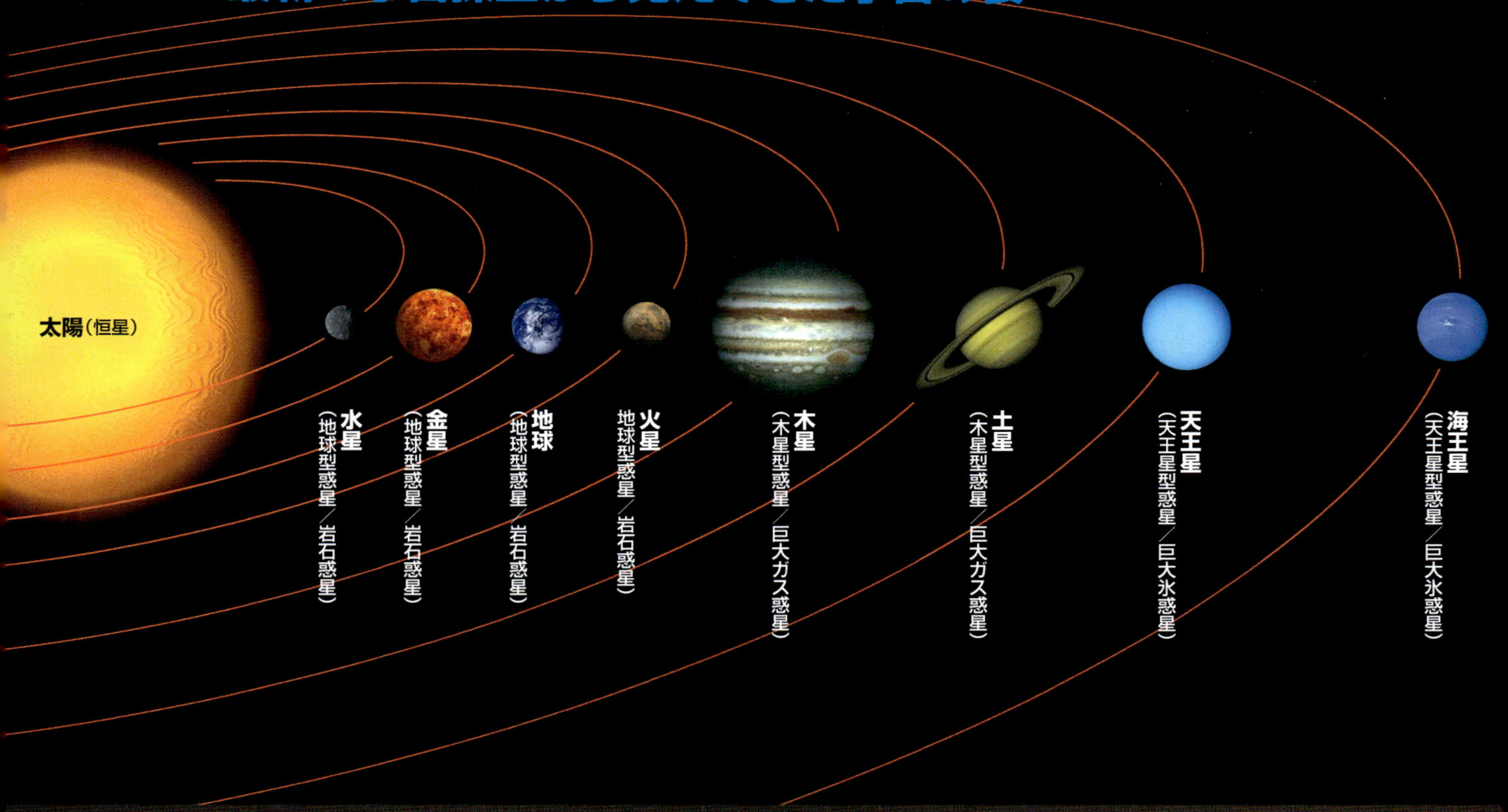

※惑星の大きさや軌道はイメージで、正確な縮尺ではない。

太陽系の惑星とその位置

太陽系の直径は約1光年で、太陽を中心に公転する8つの惑星と、惑星の周囲をめぐる衛星、小惑星や彗星などの天体で構成されている。

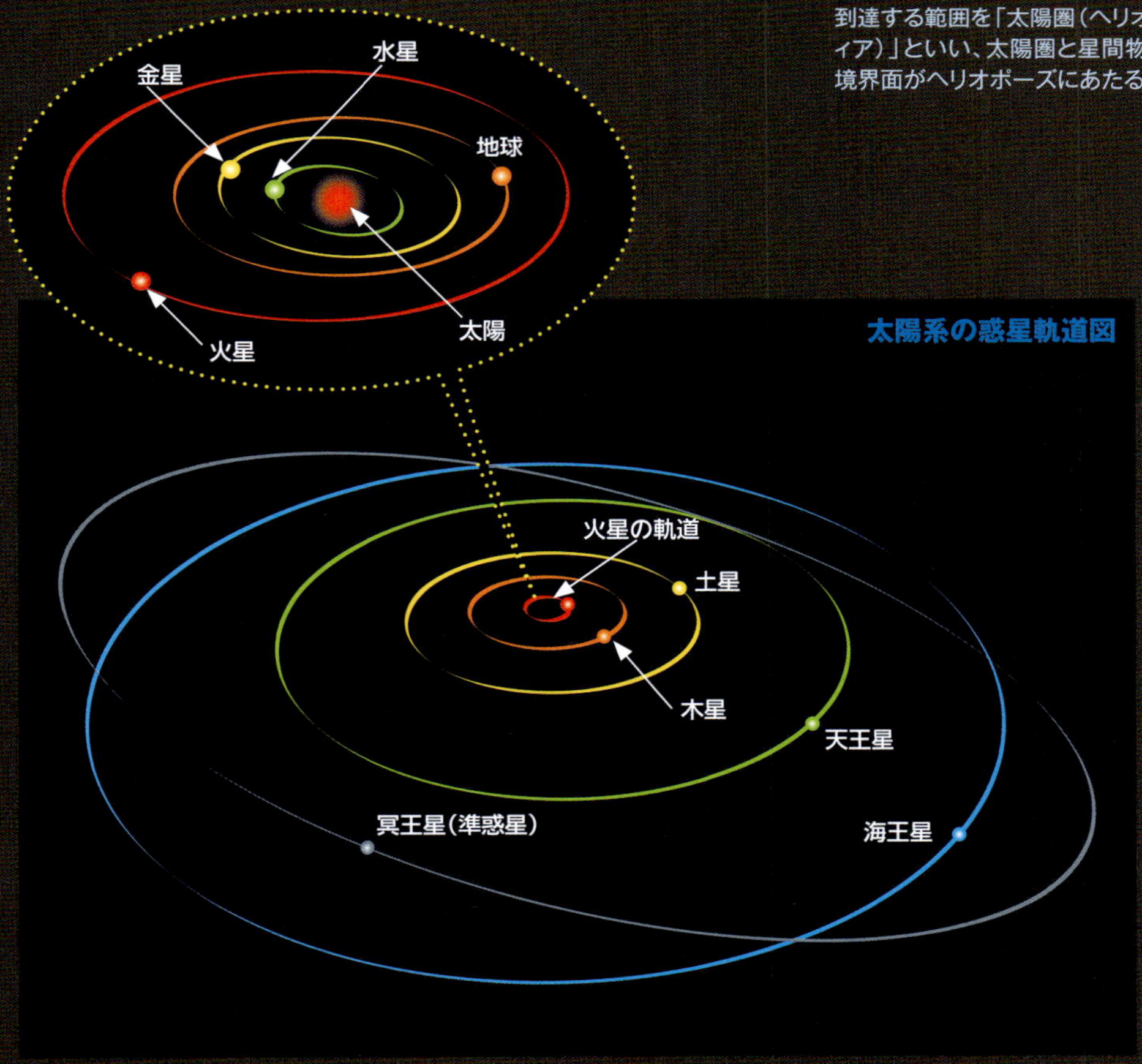

※惑星の大きさや軌道はイメージで、正確な縮尺ではない。

太陽系の大きさとその外側の宇宙のイメージ

現在、太陽系の果ては、太陽風が星間物質とぶつかる境界面「ヘリオポーズ」だと考えられている。太陽風が到達する範囲を「太陽圏（ヘリオスフィア）」といい、太陽圏と星間物質の境界面がヘリオポーズにあたる。

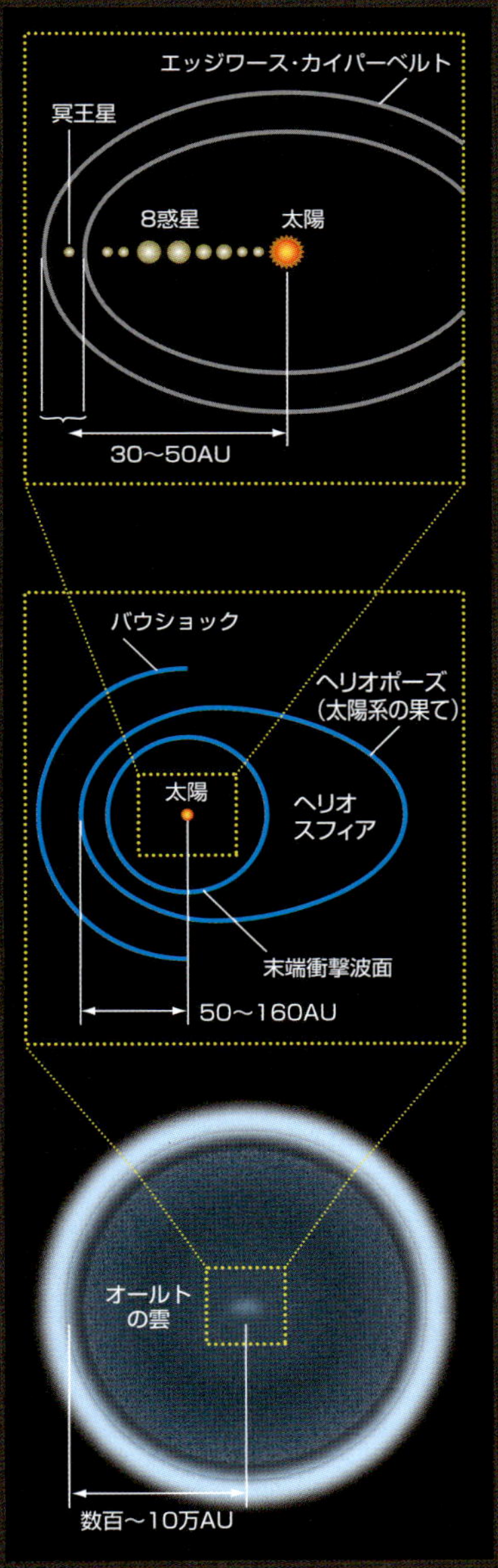

太陽系のすべてを司る中心星

太陽 Sun

DATA
赤道半径：69万6000Km
体積（地球比）：130万4000
質量（地球比）：33万2946
密度：$1.41g/cm^3$
重力（地球比）：28.01
表面温度：5500℃
赤道傾斜角：7.25度
自転周期：25.38日

私たちの太陽は働き盛りの青年期にある

私たちが住む太陽系の中心で、燦然と光り輝く天体が太陽だ。私たち人類をはじめとする生命が生きていくために必要なエネルギーを供給してくれる存在で、そもそも地球に生命が誕生したのも、太陽が大きく関係していると考えられており、まさに「生命の源」と呼べる天体である。

太陽のように、自ら光を放つ天体を「恒星」と呼ぶ。この宇宙にはさまざまな特性を持った恒星があり、その分類法にもいくつかの種類がある。

たとえば、表面温度によるスペクトル分類法（図1）では、私たちの太陽は「G型」の恒星に分類される。また、年齢（誕生からの経過時間）による分類（図2）では、推定年齢約46億年の太陽は、「主系列」と呼ばれる段階に当てはまる。したがって、太陽は分類上「G型主系列星」と呼ばれる。さらに細かく分類すれば「GV2型主系列星」となる。

恒星の中で、主系列星の占める割合は約80パーセント、そのうちG型主系列星は約6・3パーセントと考えられている。太陽は私たちにとっては特別な存在だが、宇宙の中では平凡な恒星のひとつだといえる。それに対して、「青色巨星」とも呼ばれる「O型主系列星」などは、主系列星に占める割合が0・00025パーセントしかなく、銀河系全体でも2万個以下と推定されるめずらしい恒星だ。

太陽のようなタイプの恒星は、数十億年から数百億年の寿命を持つと考えられており、現在の太陽は、人間にたとえると青年期から壮年期にあたる。つまり、働き盛りで活発に活動してい

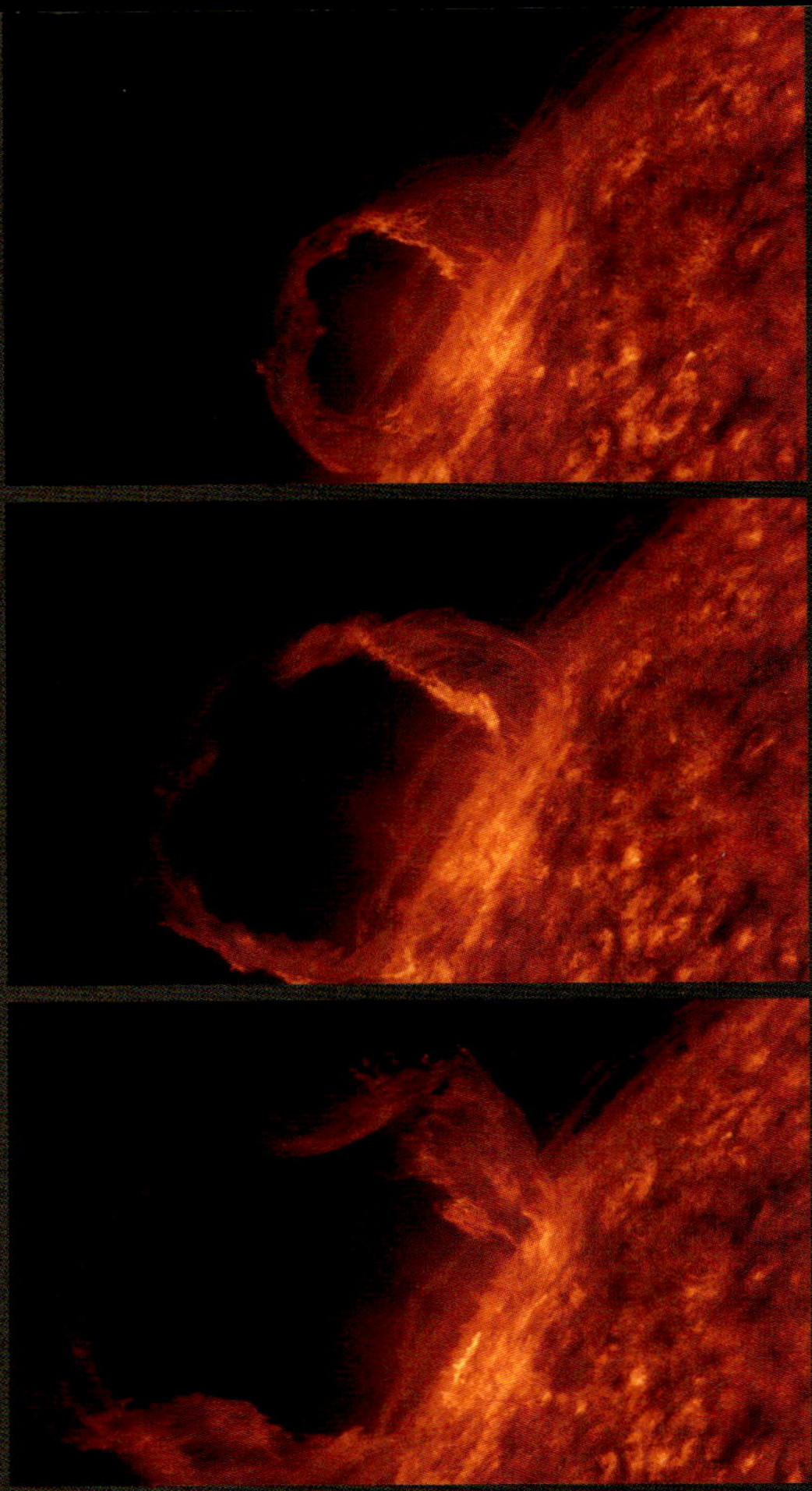

太陽表面から「プロミネンス（紅炎）」が吹き上がる様子の連続写真。プロミネンスはしばしば起こる現象だが、この写真のように巨大なプロミネンスが観測されるのはめずらしい。

（図1）スペクトル分類

型	表面温度（K）	色
O	29,000～60,000	青
B	10,000～29,000	青～青白
A	7,500～10,000	白
F	6,000～7,500	黄白
G	5,300～6,000	黄
K	3,900～5,300	橙
M	2,500～3,900	赤
L	1,300～2,500	暗赤
T	1,300以下	赤外線

（図2）星の分類（HR図）

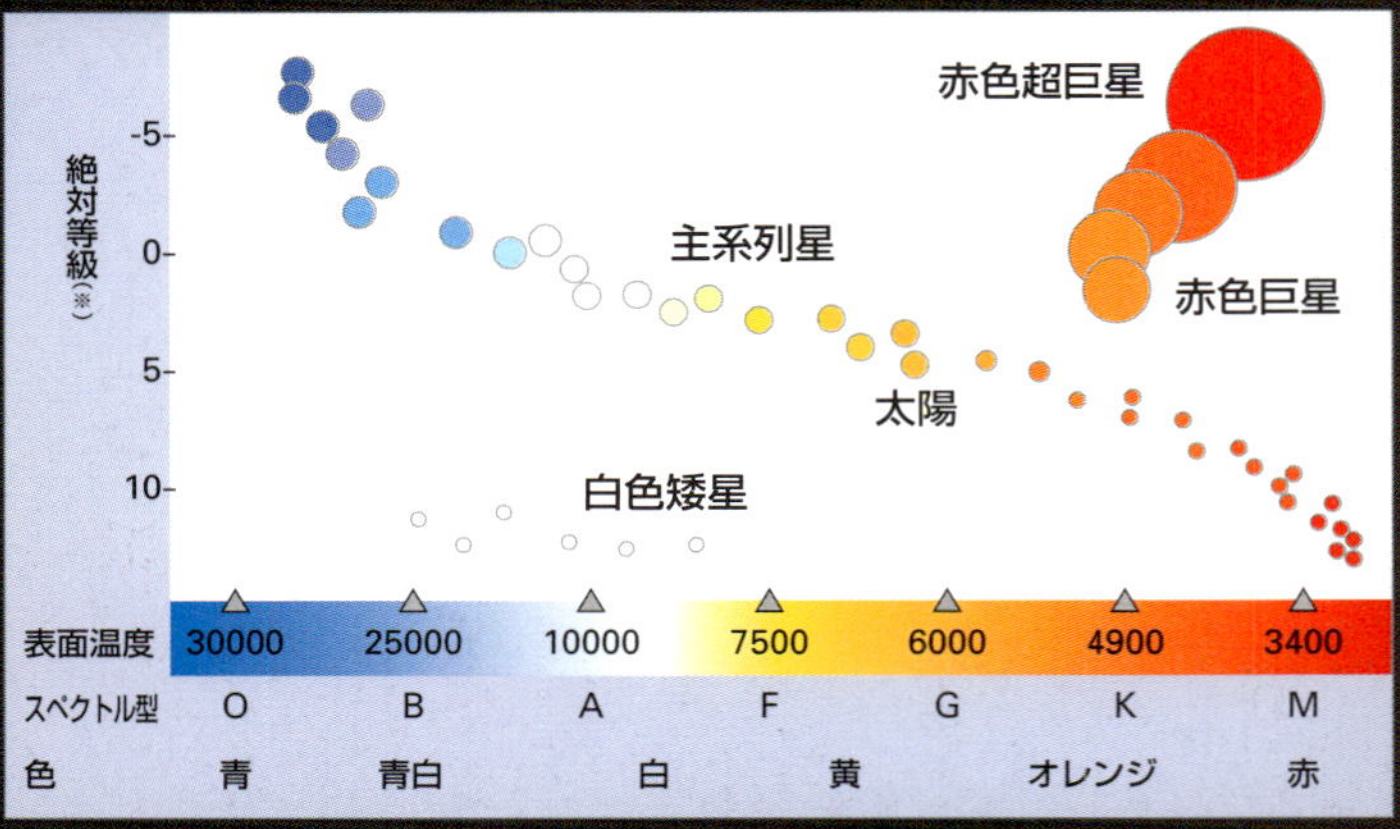

（※）10パーセク（32.6光年）の距離から見た星の明るさ

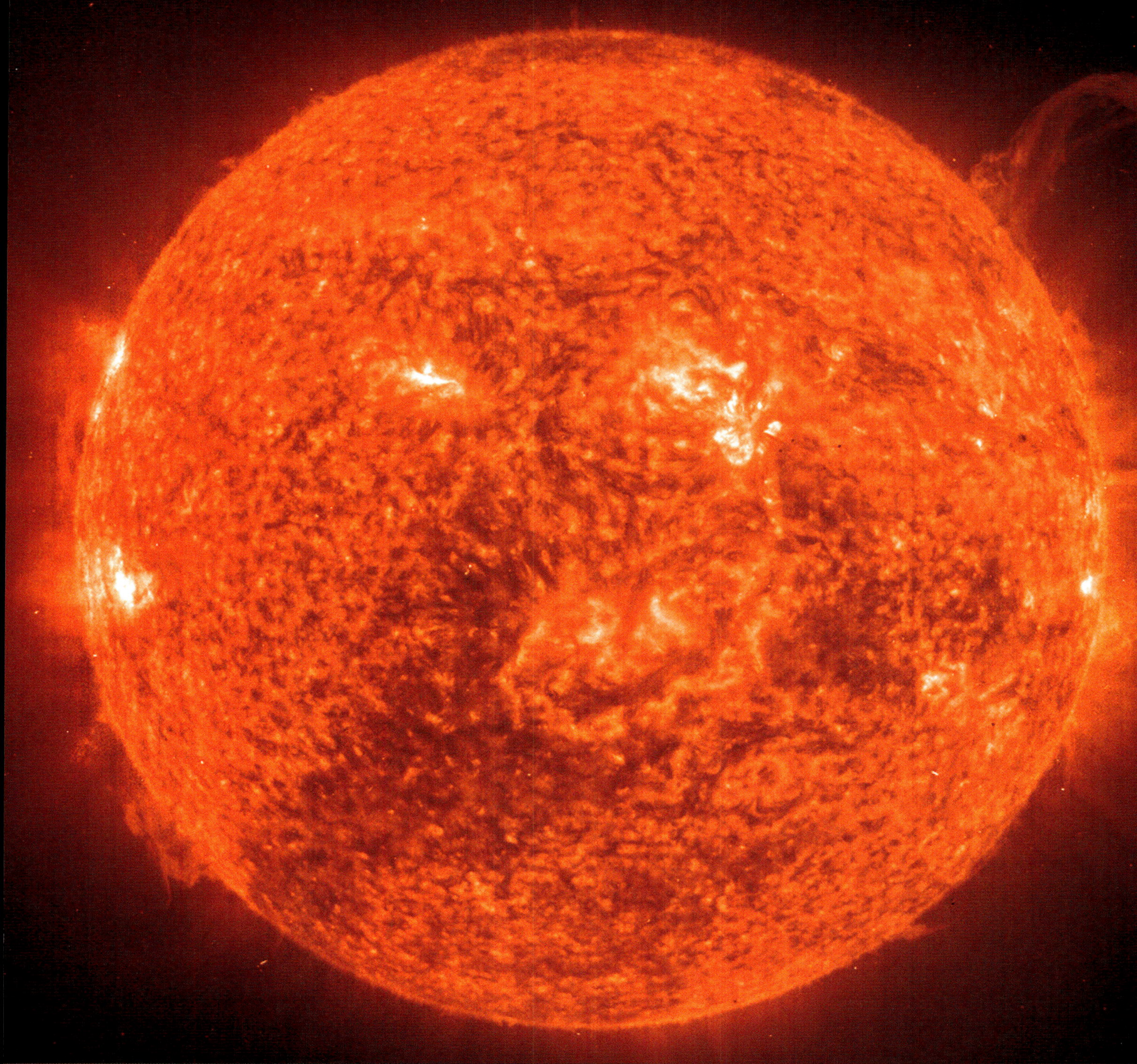

太陽・太陽圏観測衛星「SOHO」が撮影した太陽の様子。熱核融合反応で巨大爆発を繰り返す、太陽表面の激しい活動状況がよくわかる。

る年齢といえるのだ。

水素とヘリウムが生み出す太陽エネルギー

遠く離れた地球を暖め、生命を育む莫大な太陽のエネルギーは、太陽の中心核で起こる水素とヘリウムの熱核融合反応によって生み出されている。熱核融合は、原子力発電所や原子爆弾などで利用される核分裂反応とは異なり、比較的〝軽い〟原子が高温状態で反応することで、核分裂よりも大きなエネルギーを放出する現象だ。

核融合が起こることでさらに温度は上昇し、核融合の効率をアップさせる。太陽は、核融合が起こるたびに少しずつ明るくなっており、その明るさは誕生から現在までにおよそ30パーセント増加したと考えられている。

熱核融合反応が起こっている太陽の中心核は、直径約20万キロメートル。中心の温度は約1500万～1600万℃に達すると推測されている。中心核で作られたエネルギーは、「放射層」（「輻射《ふくしゃ》層」ともいう）から「対流層」を経て太陽の表面である「光球」に到達し、光と熱を宇宙空間に放出する。

光球の外側には、「彩層」と呼ばれる太陽大気の層がある。皆既日食の際に現れる、赤い縁取りが彩層だ。そして、

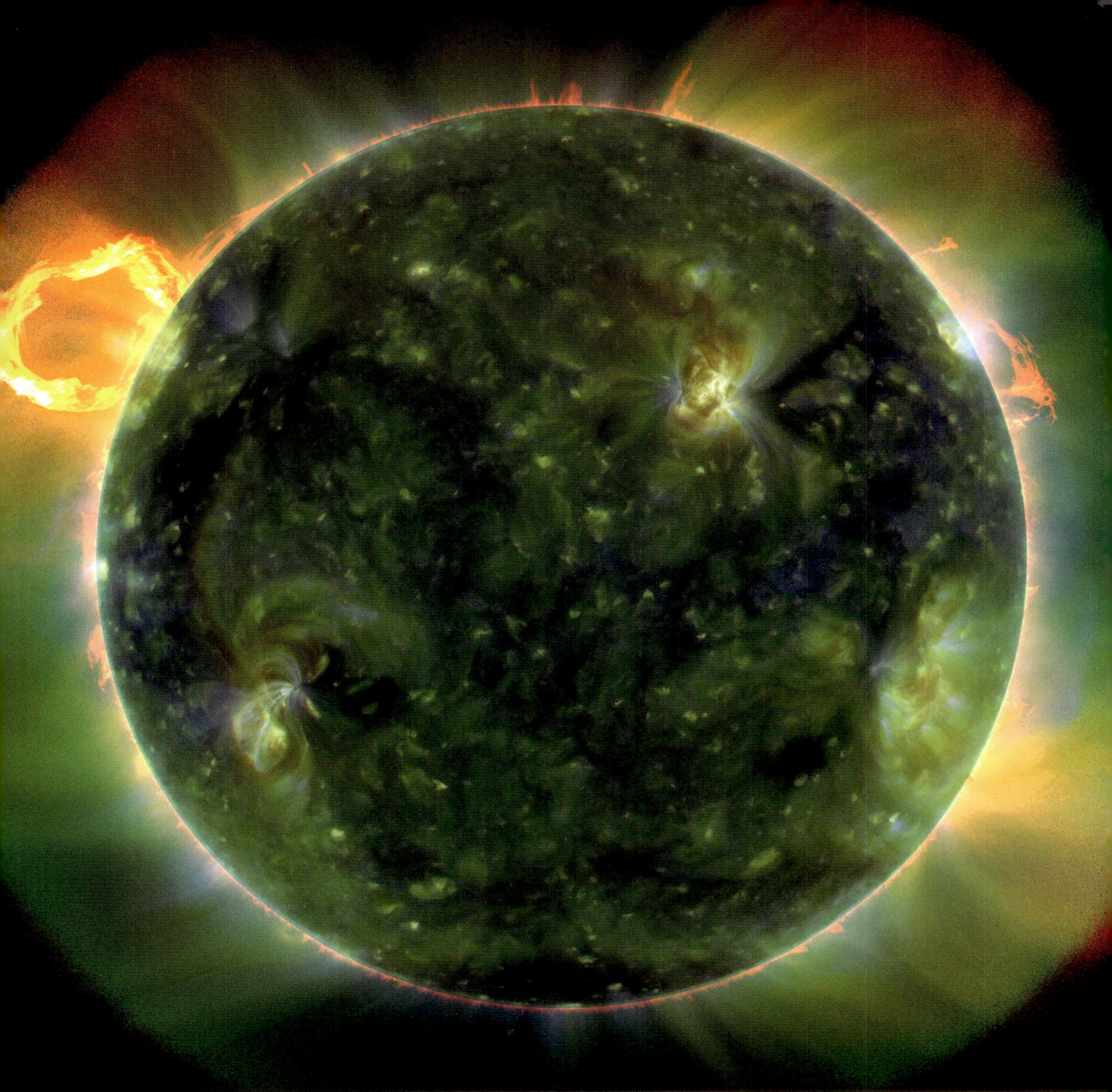

NASAの太陽観測衛星「SDO」が撮影した画像を加工し、異なる波長を組み合わせたもの。色は温度に対応して擬似的に割り当てており、赤は約6万℃、緑と青は100万℃以上を表す。太陽の左上部分に吹き上がるプロミネンスが見えるが、ループ部分の大きさは地球の直径の30倍にもなる。

彩層のさらに外側には「コロナ」が存在する。

太陽が人類の命運を握る？ 太陽観測の意義と役割

現時点で私たち人類が観測できる太陽活動は、太陽の表面で起こっている現象だけだ。たとえば、太陽表面で発生と消滅を繰り返す黒いしみのような「黒点」、太陽表面から高エネルギーの粒子が飛び出す「プロミネンス（紅炎）」、爆発的にプラズマが飛び出す「太陽フレア」と、それにともなって発生する「コロナ質量放出（CME）」などがある。

太陽におけるこれらの現象は、私たちの生活に大きな影響を及ぼしている。太陽フレアやCMEの発生によって生じたX線やガンマ線、高エネルギー粒子が「太陽風」となって地球に到達すると、地球周辺の空間では地磁気の乱れが発生し、人工衛星の故障や送電システムの障害、無線通信への悪影響が起こるのだ。極地付近などの高緯度地域で見られるオーロラも、太陽フレアなどによる影響で発生する現象である。

このように地球に影響を与える太陽の活動を事前に把握し、その影響を最小限に抑えるために、太陽の探査や観測は人類にとって必要不可欠なミッシ

太陽の表面に現れた「黒点」。表面温度が約5500℃の「光球」に対し、黒点部分は表面温度が低いために黒く見える。低いといっても約4000℃もの高温だ。写真手前の黒い点は地球の大きさを示したもので、比較すると黒点の巨大さに驚かされる。

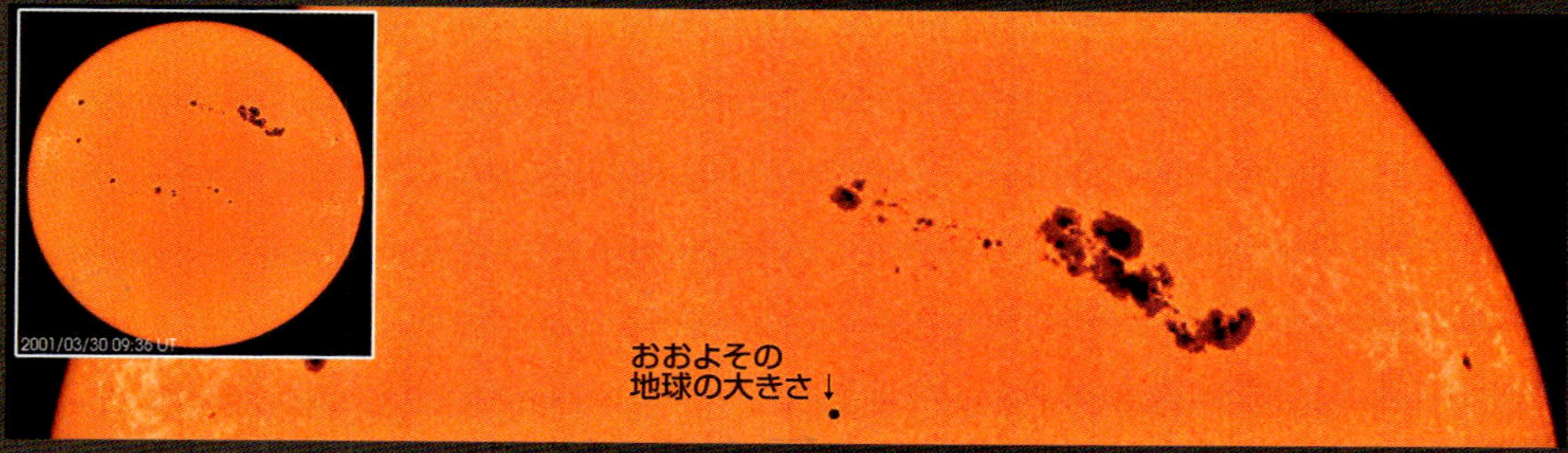

激しく噴出する「コロナ」。コロナは太陽の大気だが、通常の気体ではなく、気体が電子とイオンに分離したプラズマ状態のものだ。

2000年2月27日に発生した、まるで電球のような形状の「コロナ質量放出（CME）」の観測画像。このとき、1マイル毎時およそ10億トンの粒子がすさまじい勢いで宇宙空間に放出された。

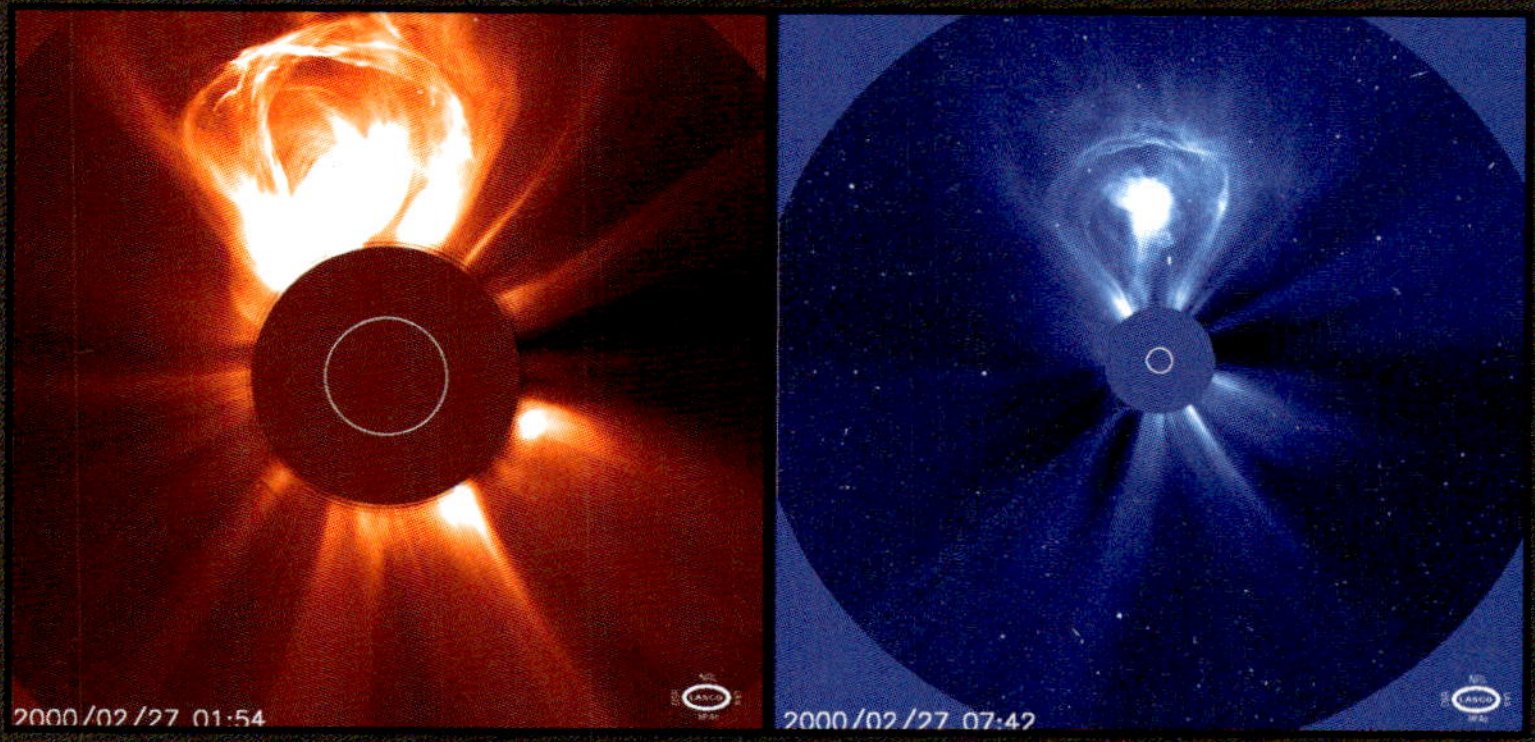

皆既日食の様子。太陽の縁に見える赤い光が「彩層」で、光球の光が強すぎるため普段は見ることができない。彩層の外側に広がっているのがコロナだ。

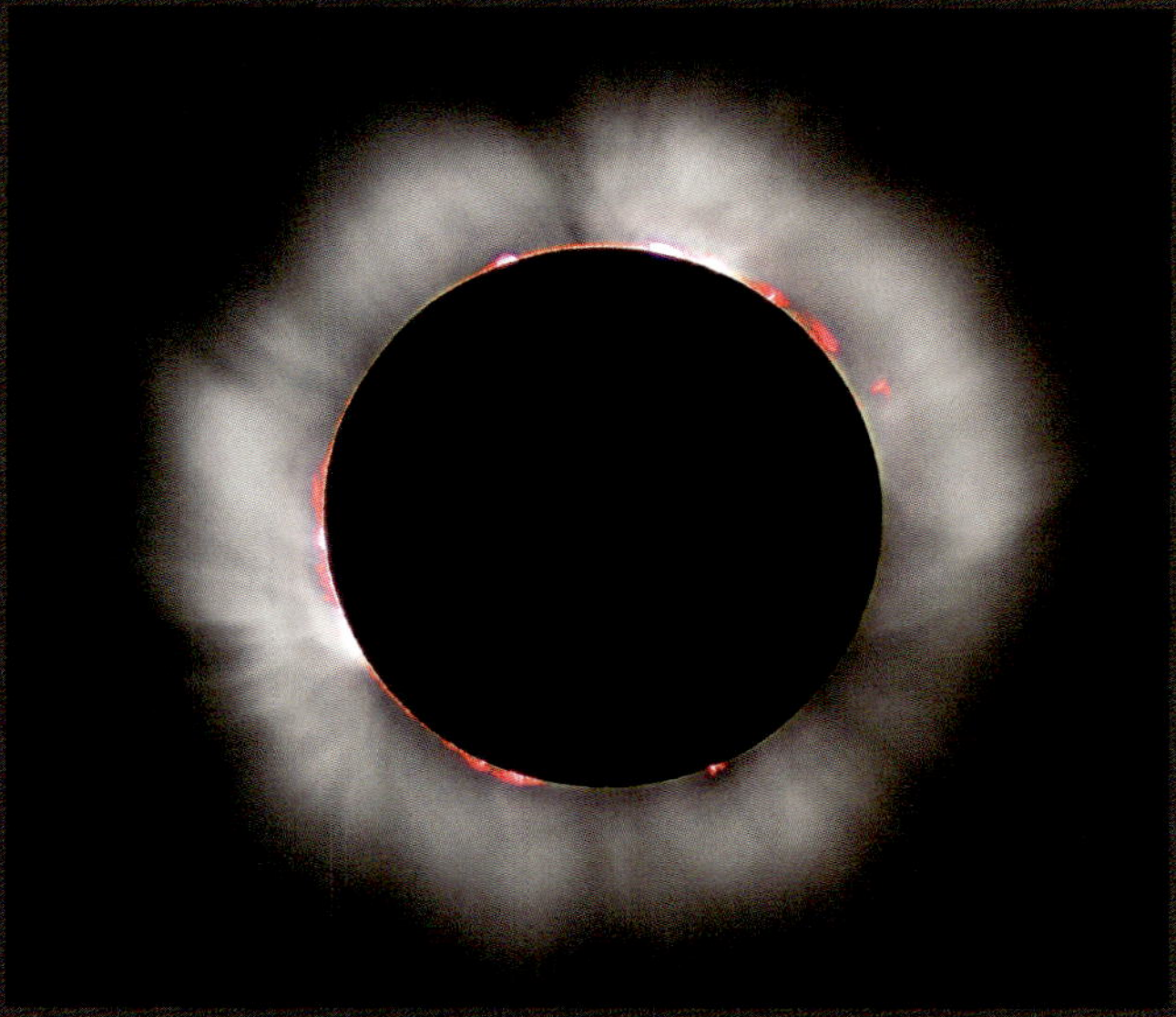

太陽観測衛星SDO（イメージ図）。太陽の磁場の構造や発生のしくみのほか、黒点やフレア、CMEといった現象がどのような磁場の変化から発生するのかを探る目的で、2010年2月に打ち上げられた。

「太陽風」と地球の磁気圏のイメージ図。地球は自身が持つ磁力に覆われている。太陽表面から宇宙空間へ流出した物質は太陽風となって地球にも到達し、地球の磁気圏にさまざまな影響を及ぼす。

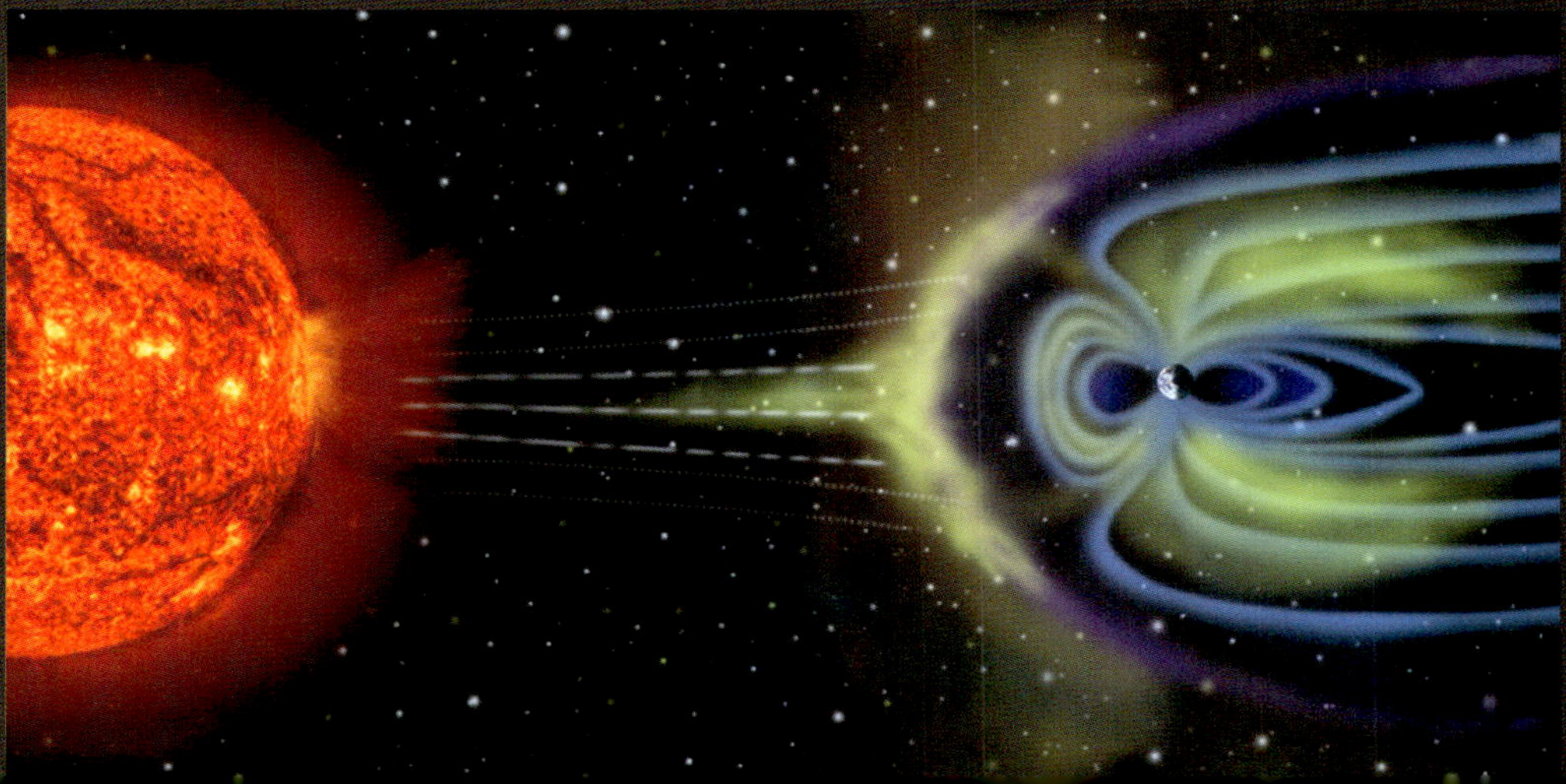

ヨンといえる。現在では、NASAの太陽観測衛星「SDO」や、NASAとESAが共同で運用している太陽・太陽圏観測衛星「SOHO」、日本の太陽観測衛星「ひので」などによる観測が常に行われており、さまざまな情報の分析が日々進められている。

水星

Mercury

灼熱の昼と極寒の夜の星

水星最大のクレーター、カロリス盆地。着色処理された写真の中央に広がる黄色い部分が盆地で、その巨大さがよくわかる。盆地周辺に見えるオレンジの部分は、火山の噴火口の跡と推測されている。

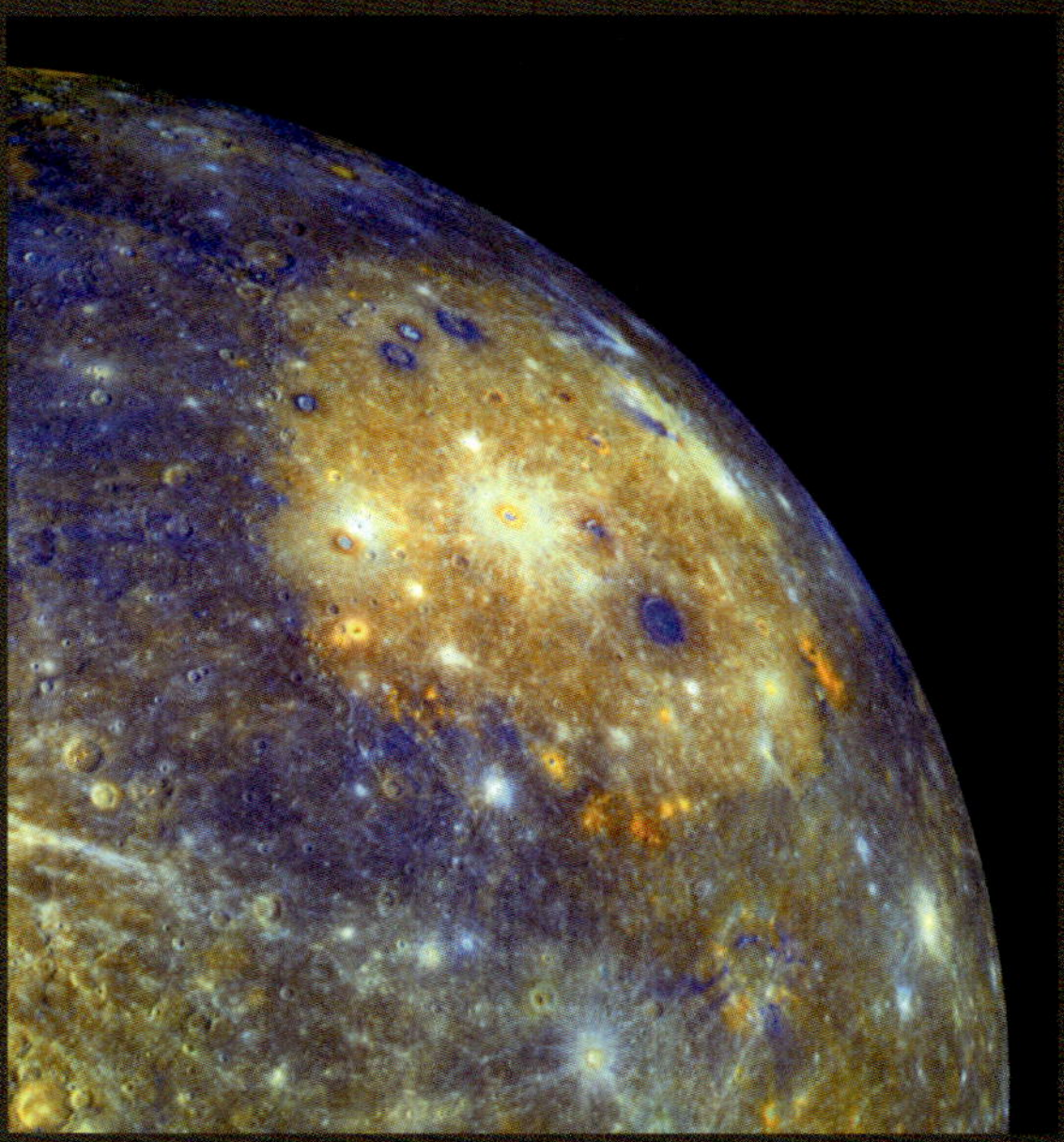

DATA

太陽からの平均距離：5791万Km
赤道半径：2440Km
体積（地球比）：0.056
質量（地球比）：0.055
密度：5.43g/cm^3
重力（地球比）：0.38
表面温度：−173〜427℃
赤道傾斜角：〜0度
公転周期：87.97日
自転周期：58.65日
衛星：なし

特異な性質を持つ太陽系内最小の惑星

太陽系の中で、水星はもっとも太陽に近い軌道をめぐる惑星であり、その大きさも太陽系内で最小だ。また、赤道傾斜角（自転軸の傾き）も惑星の中でもっとも小さく、0・027度以下しかない。ほぼ直立した形で自転していることになり、自転軸が傾いていることで生じる季節の変化はない。

地球から見ると、水星は常に太陽のそばにあるため、日没直後か日の出直前にしか見えず、観測が非常に難しい惑星だった。そのようなわずかな機会を捉えて観測した水星は、常に同じ面を地球に向けていたため、月と同じように公転周期と自転周期が同期しているものと思われていた（月については24ページ参照）。

しかし、1965年に行われたレーダー観測の結果、87・97日の公転周期に対し、自転周期は58・65日で、正確に3対2の比率になっていることがわかった。つまり水星は、太陽の周りを2回公転する間に3回自転しているのだ。

この奇妙な関係のために、水星の1日は、水星の2年（約176地球日）となる。

水星は大きさが地球の5分の2程度しかないが、比重（水の密度との比率）は太陽系の惑星の中で、地球に次いで2番目に大きい。こうした特徴は、おそらく水星の核（コア）が、重い金属（ニッケルと鉄の合金）で構成され、しかも大きさが体積の4割以上あるためだと推定されている。

太陽系の惑星中、このような特徴を持つのは水星だけであることから、水星の誕生は他の惑星と状況が異なっていたのではないかと考えられている。

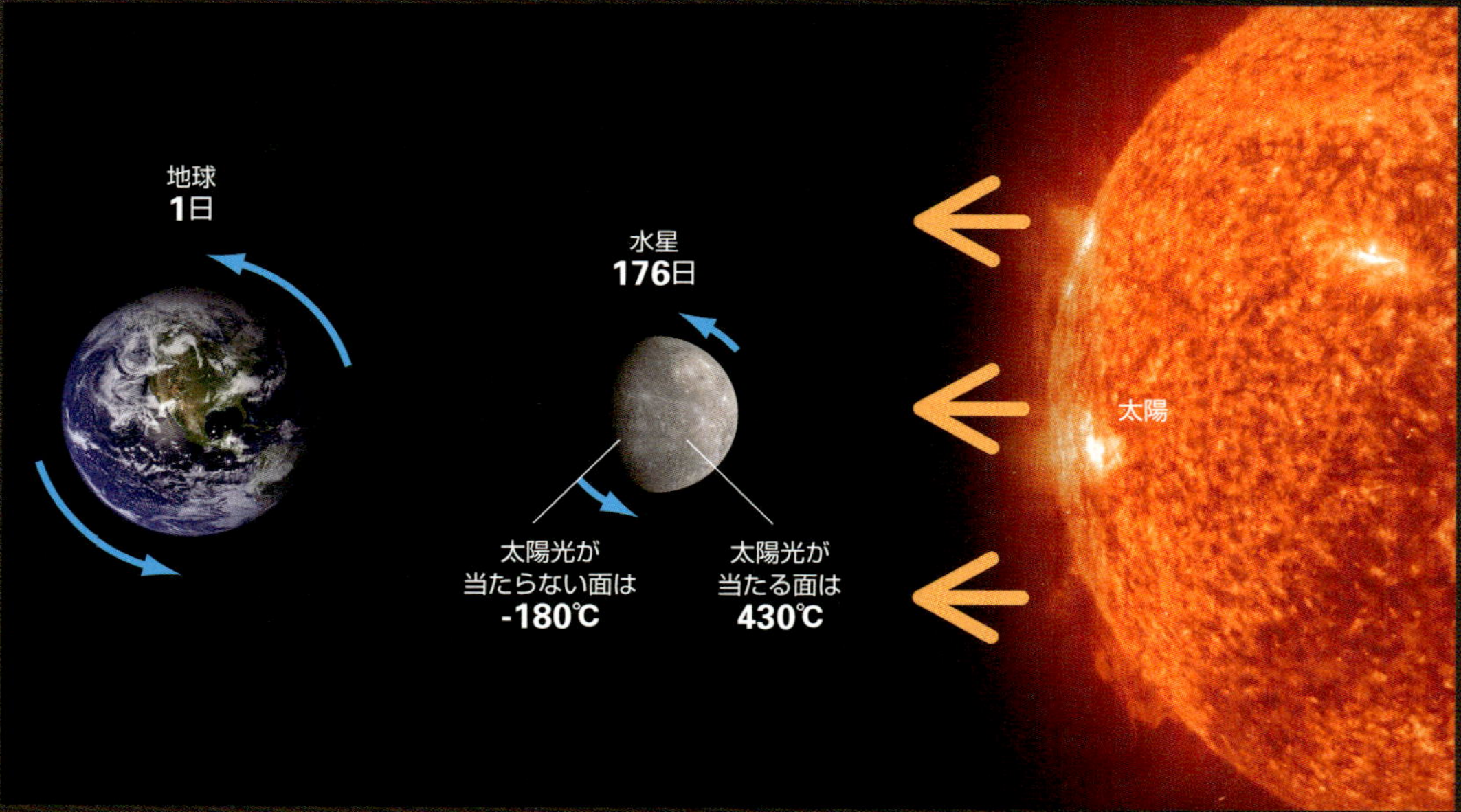

水星の自転と表面温度の関係

水星の表面温度は、約−180〜430℃という極端な温度差があるが、これは水星の自転周期が長いことが影響している。太陽から地球の6倍以上のエネルギーが降り注ぐ昼の時間と、反対に太陽光が当たらない夜の時間がともに約88日間続くため、灼熱と極寒を繰り返す激烈な環境になっているのだ。

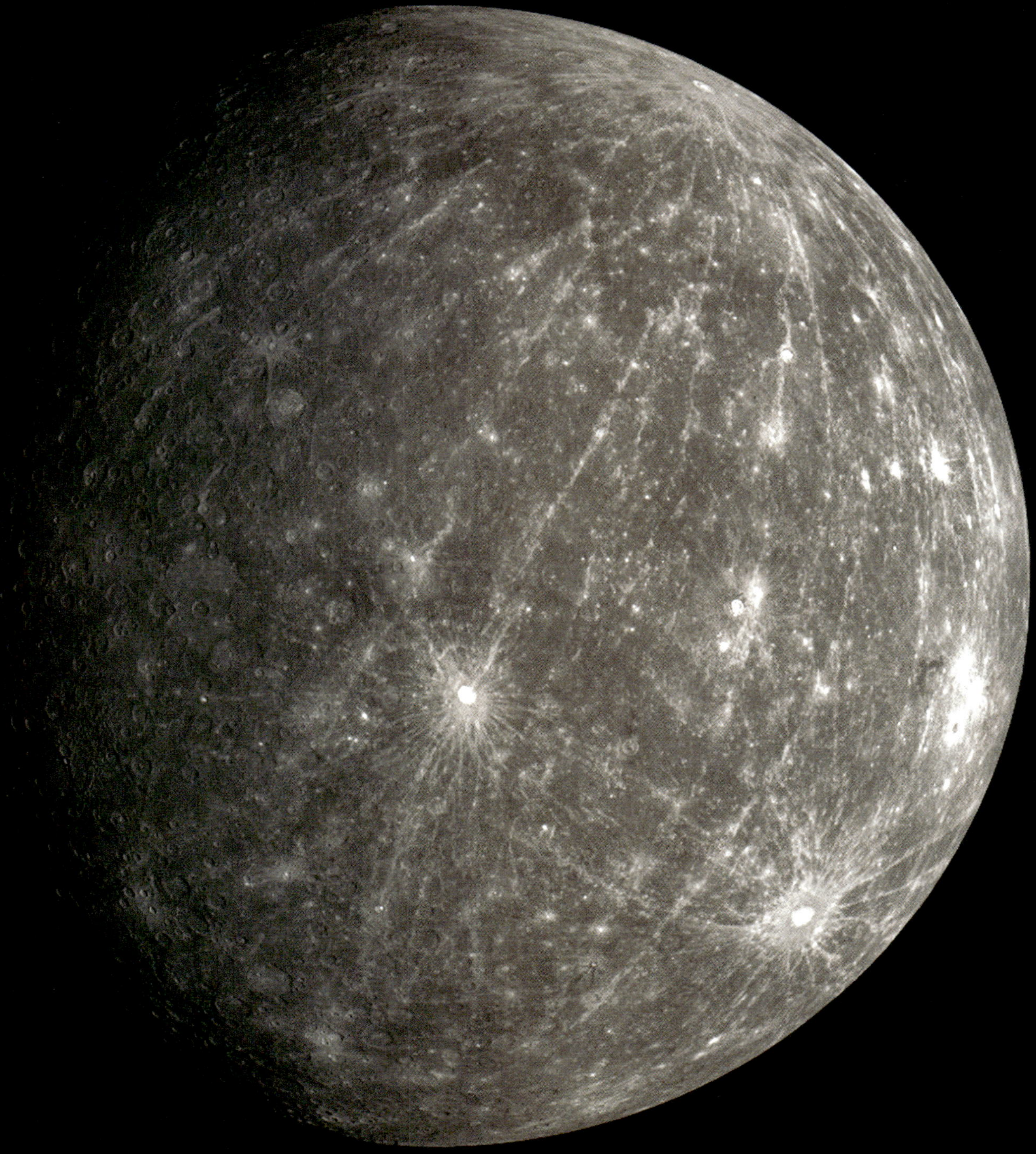

水星探査機「メッセンジャー」が撮影した水星。太陽系の中でもっとも太陽の近くにある水星は、太陽光の影響が大きすぎて、地上から肉眼で観測することはできない。表面を埋め尽くすクレーターの存在は、水星が過去に隕石群などの小天体と激しく衝突したことを物語っている。

巨大クレーターが物語る小天体との衝突

1974年にNASAの水星探査機「マリナー10」が水星に到達し、水星表面の写真撮影に成功。そこには月のように大小さまざまなクレーターが写し出されていた。

水星で最大のクレーターは、直径が1500キロメートルを超えるカロリス盆地だ。水星半径の2分の1にもな

マリナー10が撮影した水星の南半球部分。

NASAの水星探査機「マリナー10」。1974年3月と9月、および1975年3月の3回、水星に接近して観測を行っている。また、マリナー10は金星探査も行い、複数の惑星を接近観測した最初の探査機となった。

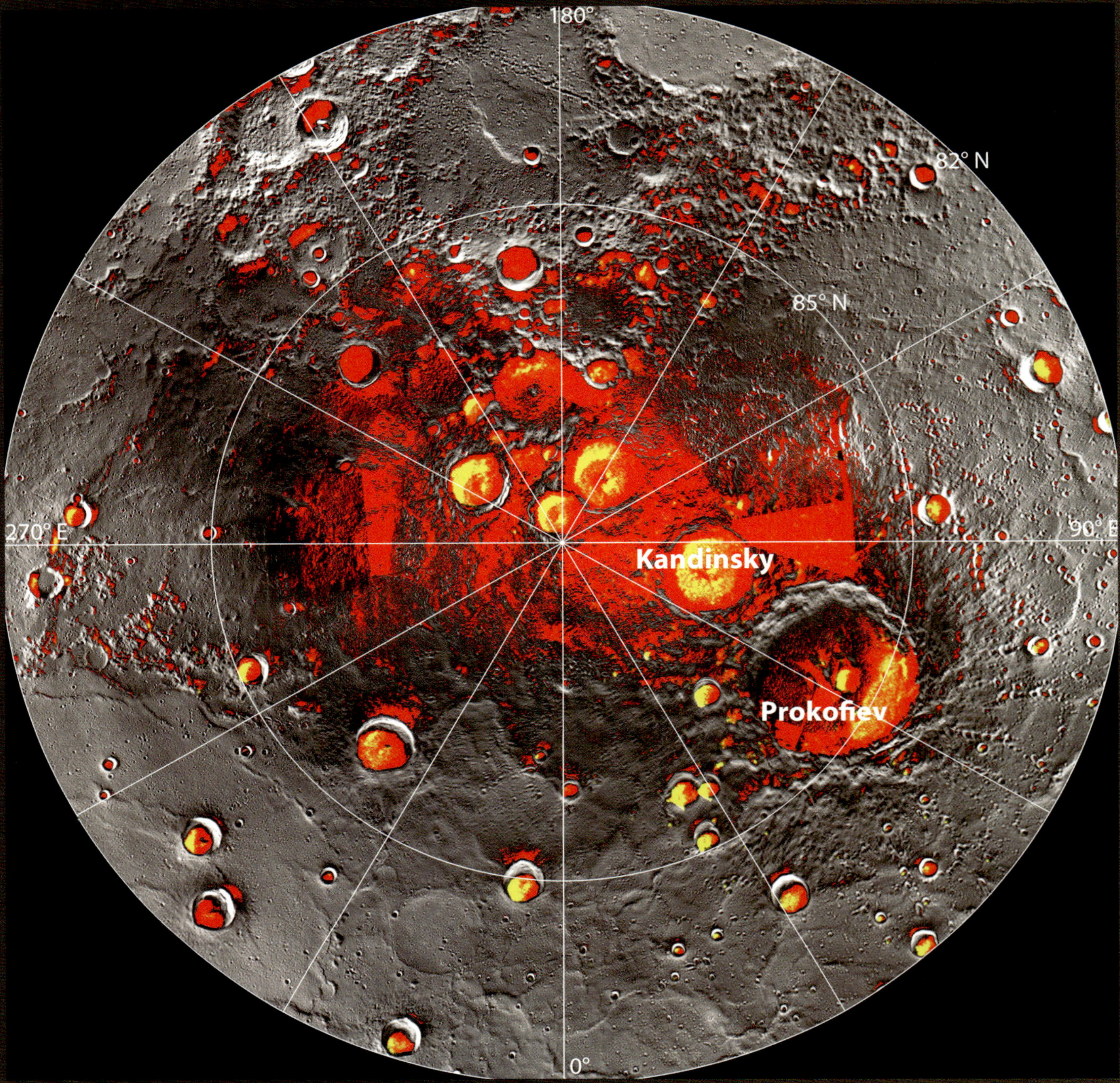

水星は太陽に近いが、影になる部分は温度が低いため、氷が存在する可能性がある。赤く表示されているところが影になる部分。

水星を探査するメッセンジャー（イメージ図）。主な探査目的は、磁場や地形、水星を構成する物質、大気成分の観測・調査で、探査範囲は水星の表面全域に及ぶ。

る巨大クレーターである。カロリス盆地の裏側にあたる部分の地形は、何かによって爆砕されたような複雑な形になっている。これは過去にカロリス盆地を作った小天体の衝突による衝撃波が、水星の裏側まで到達した証拠と推測されている。

　クレーターをはじめとする水星の地名には、文芸・芸術分野の人物名がつけられる慣例があり、松尾芭蕉や葛飾北斎、紫式部などといった日本人にちなんだ地名もある。

水星の南極付近の様子。太陽光が当たらない極地のクレーター内に氷があると推測されている。

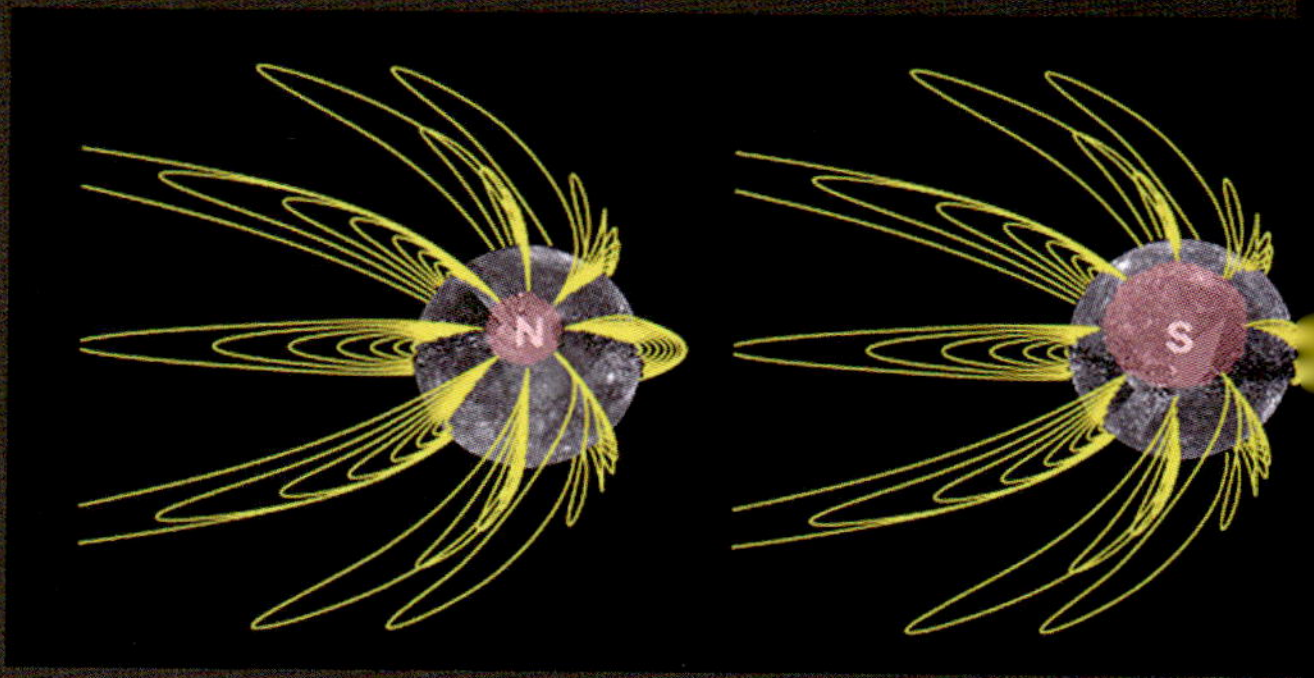

水星の磁場のイメージ。水星は地球と同様にSとNのふたつの極を持つ。ただし、地球の磁場の約1パーセント程度の強さしかない。

数々の成果をあげた探査機「メッセンジャー」

マリナー10以降、探査機による水星観測は長い間行われていなかったが、2004年8月に、30年ぶりとなるNASAの水星探査機「メッセンジャー」が打ち上げられ、2011年3月に水星へ到達した。

マリナー10は3回しか水星に接近しなかったため、その際に観測できたのは水星表面の約45パーセントにすぎなかった。一方、メッセンジャーは水星を周回する軌道に投入され、長期間にわたって精度の高い観測を行うことができた。

たとえば、近赤外線およびレーダーによる観測では、極域にあるクレーター内の「永久影」(永久に太陽の光が当たらず影になる部分)に、明るく反射する物質を見つけた。この物質は氷である可能性が高いという。

また、水星の地形を解析した結果、水星ができてから約38億年の間に、水星の半径がおよそ7キロメートル縮んだことも判明した。

マリナー10の観測によって、水星に磁場があること自体はわかっていたが、今回のメッセンジャーの探査では、水星の磁場についても精密な観測が行われた。ただし、どのようなメカニズムで磁場が発生しているのかは、まだ解明されてはいない。

当初、メッセンジャーのミッションは1年間の予定だったが、さらに1年延長されたのちに終了となった。その後、2013年12月に観測ミッションが再開され、2015年3月までミッションの継続が決まっている。

「メッセンジャー」が捉えた水星のさまざまな姿

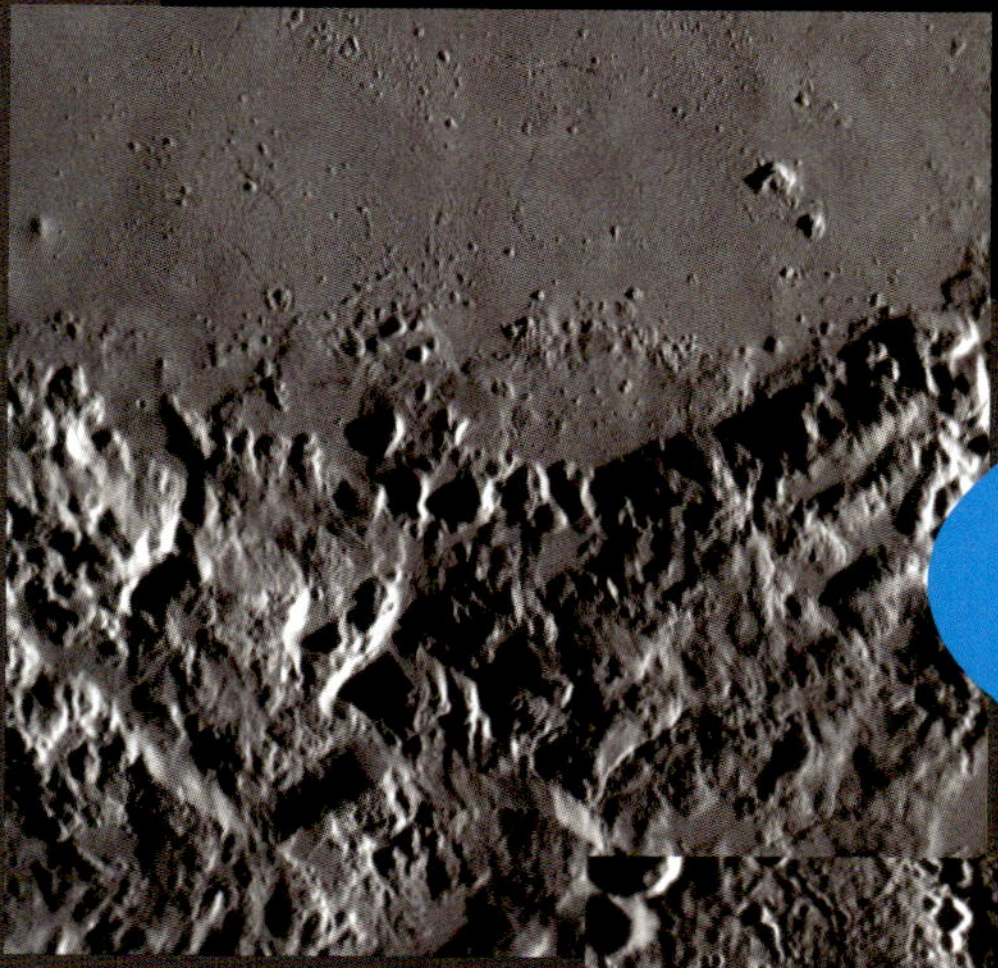

北斎クレーターの内部。隕石の衝突後に冷えて固まった滑らかな地表の様子が見てとれる。

まるでミッキーマウスのような形のクレーター。このクレーターは「ディズニー」と名づけられた。

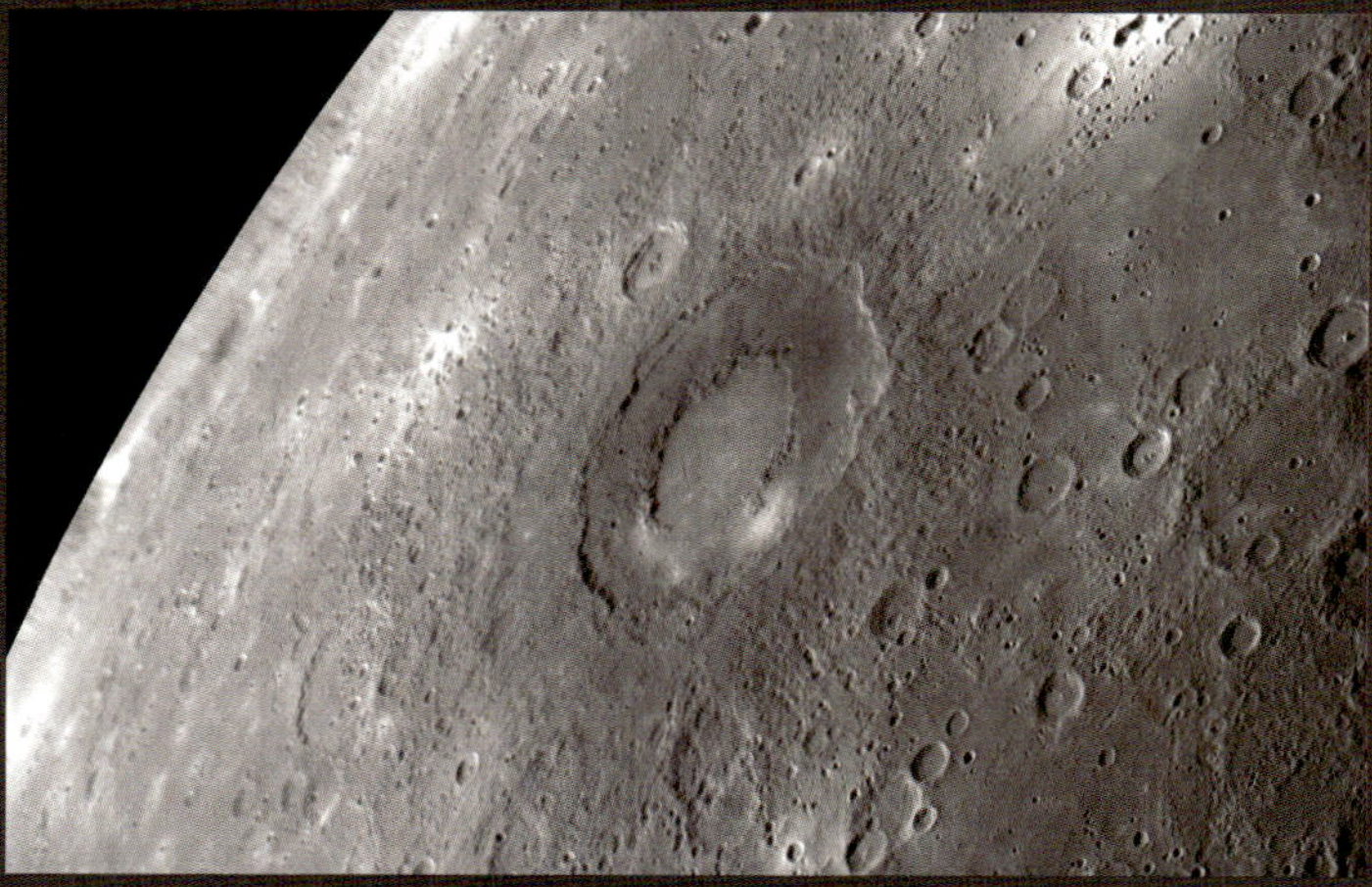

巨大な二重クレーター。内部に水銀が存在することが確認されている。

金星 Venus

高温・高圧の過酷な世界

2011年12月8日に、ESAの金星探査機「ヴィーナス・エクスプレス」が撮影した金星の様子。金星は数キロメートルに及ぶ厚い雲に覆われており、上空から地表の様子を見ることはできない。大気の量が多いため、金星の地表は90気圧という高圧の世界である。

DATA

太陽からの平均距離：1億820万Km
赤道半径：6052Km
体積（地球比）：0.857
質量（地球比）：0.815
密度：5.24g/cm^3
重力（地球比）：0.91
表面温度：462℃
赤道傾斜角：177.4度
公転周期：224.7日
自転周期：243.02日
衛星：なし

美しい表面に隠された地獄のような環境

「明けの明星」「宵の明星」とは、明け方や夕暮れの空にひときわ輝く星のことだが、その正体は地球より内側の軌道をめぐる金星だ。金星は地球と比べて、直径が95パーセント、質量が80パーセントと非常によく似ているため、「地球の双子星」や「姉妹星」などといわれており、観測技術が発達していなかったころには、金星の環境も地球と似たものではないかと思われていた。

観測技術が進歩した現在では、金星の環境は地球と大きく異なっていることがわかっている。金星の大気は主に二酸化炭素からなり、二酸化炭素の温室効果によって地表の平均温度は約460℃、最高で470～500℃にもなる。

2006年4月12日から19日にかけて撮影された金星の昼と夜。6日間の様子を並べたもので、青い部分が昼を、赤い部分が夜を表している。ヴィーナス・エクスプレスの観測によって、金星の自転速度が遅くなっていることが判明した。

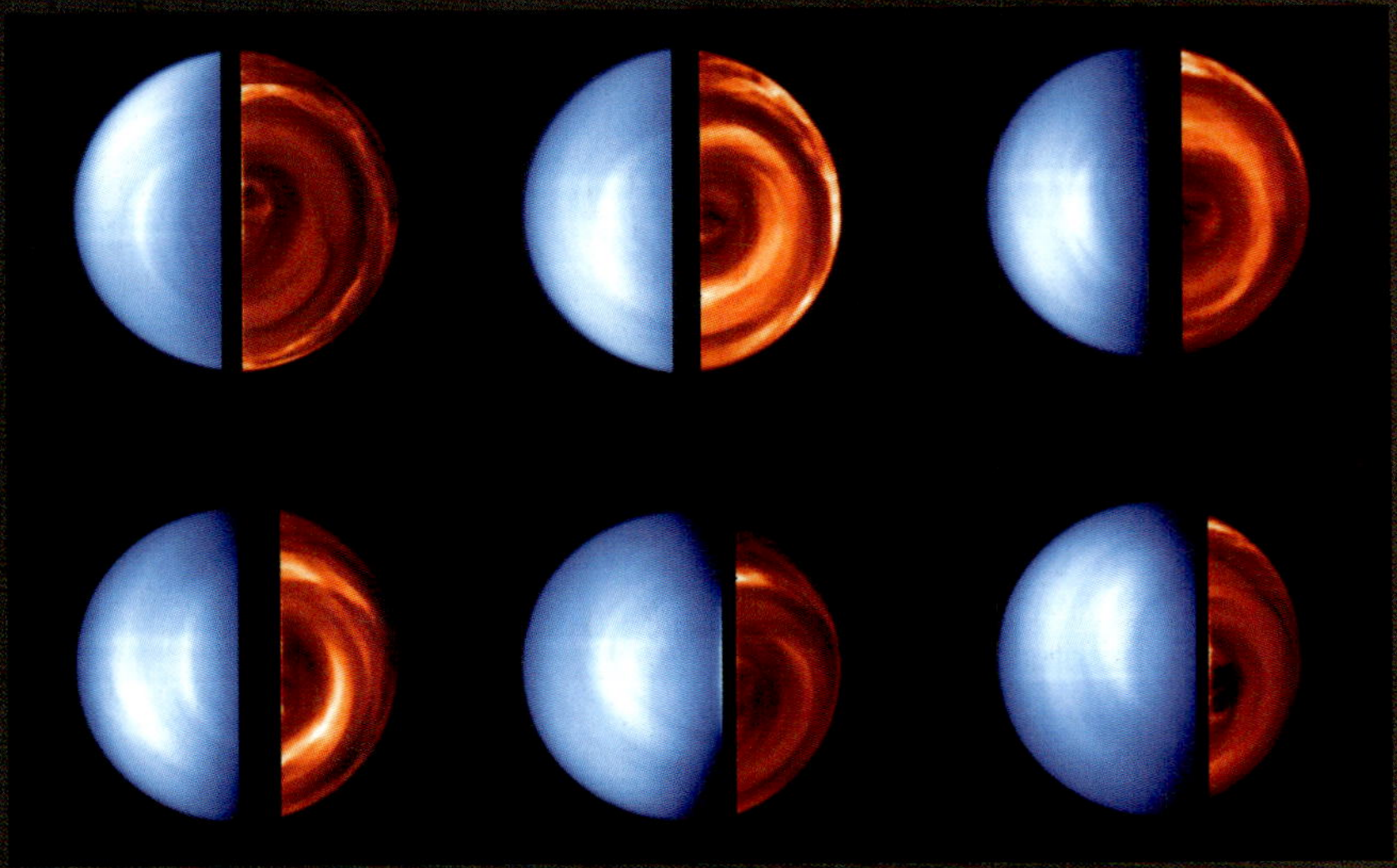

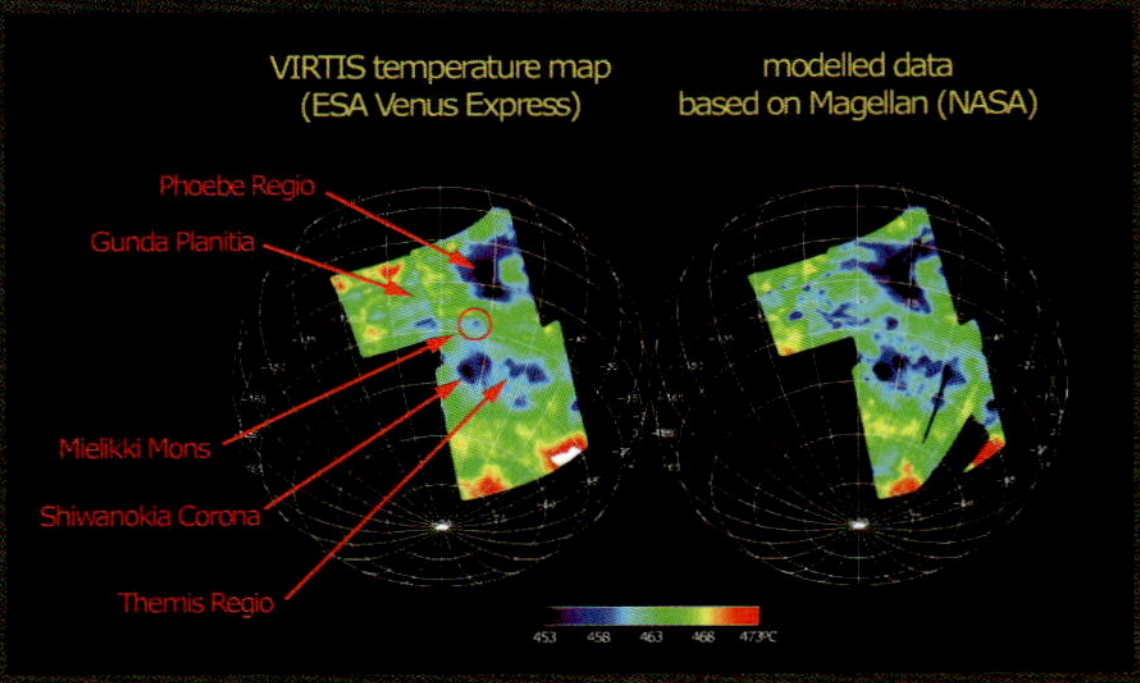

金星の表面温度を表した図。左がヴィーナス・エクスプレス、右がマゼランの観測データを元にしたもの。金星の大気は二酸化炭素が96パーセントを占め、その温室効果によって金星の表面温度は平均約460℃に達する。

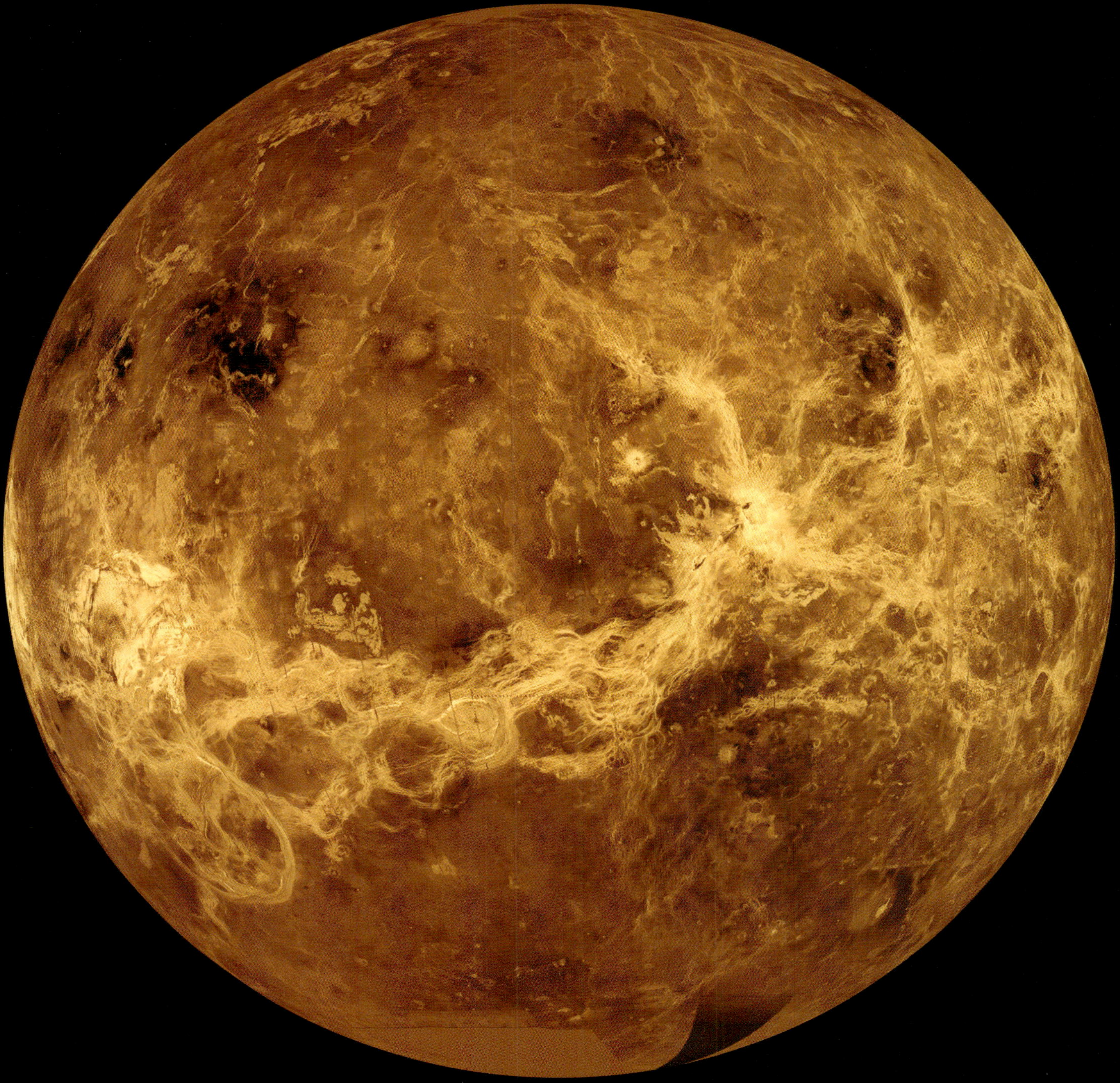

「地球の双子星」とも呼ばれる金星。地上から肉眼でも見えるため古くから知られており、江戸時代後期の国学者、平田篤胤によれば、日本書紀に登場する神「天津甕星」（アマツミカボシ）は金星を神格化したものだという。NASAの金星探査機「マゼラン」が撮影した、金星のX線写真の合成画像。厚い雲のベールの下には、火山の噴火でできた荒々しい地形が横たわっている。

大気上層部では時速350キロメートル、地表でも時速数キロメートルの風が吹き荒れる。金星を覆う分厚い雲は二酸化硫黄からなり、硫酸の雨が降るが、雨は地表までは届かず、海は存在しない。地球の双子星は、地球とはまったく似ても似つかない、高温・高圧の地獄のような環境なのだ。

金星の謎に挑んできた数々の探査機たち

このような金星の素顔を知ることができたのは、これまでに比較的多くの探査機が金星を訪れているからだ。最初に金星探査を成功させたのは、

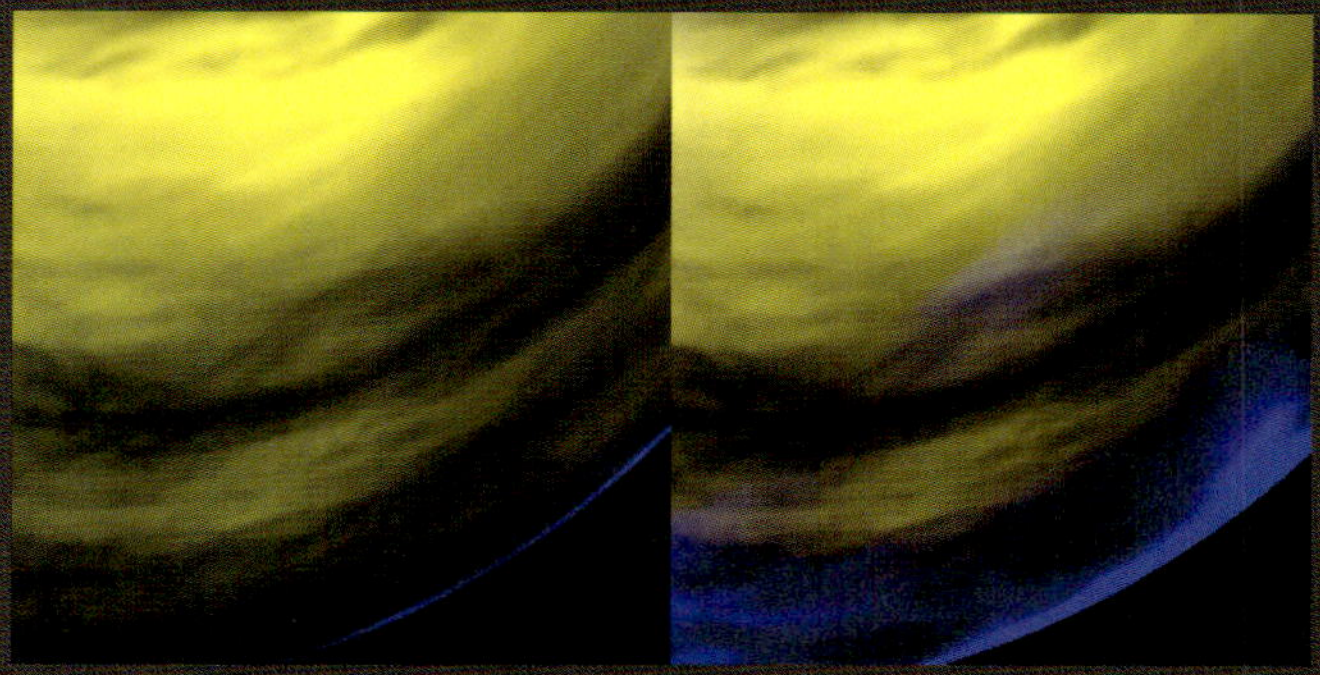

ヴィーナス・エクスプレスが捉えた金星の酸素が発光する様子。青く着色されているところが発光している部分で、太陽の紫外線を受けて酸素分子が原子化し、それが再び結合して酸素分子になる際に起こる現象だ。

NASAの金星探査機「マリナー2号」だ。1962年、マリナー2号は金星に3万キロメートルあたりまで接近し、金星の環境が過酷であることを突き止めた。なお、NASAの「マリナー計画」は10号まで継続し、金星に関するさまざまな発見を行っている。

1970年には、ソビエト連邦（現・ロシア）の探査機「ベネラ4号」から射出されたカプセルが金星への軟着陸に成功し、金星の大気のほとんどが二酸化炭素であることを観測している。

その後、「ベネラ9号」が初めて金星地表面のモノクロ写真を撮影し、さらに「ベネラ13号」と「ベネラ14号」はカラー写真の撮影に成功している。

1978年にはNASAの惑星探査機「パイオニア・ヴィーナス」が、レーダーによる金星地表面の地図を作成。続いて、1989年にスペースシャトルから打ち上げられた惑星探査機「マゼラン」は、それまでのレーダーよりも高性能な合成開口レーダーによって、さらに精度の高い地図を作成している。

そして、2005年11月、ESAがおよそ11年ぶりとなる金星探査機「ヴィーナス・エクスプレス」を打ち上げ、2006年に金星周回軌道に投入された。ヴィーナス・エクスプレスの主目的は金星大気の精密観測で、そのために光学カメラ

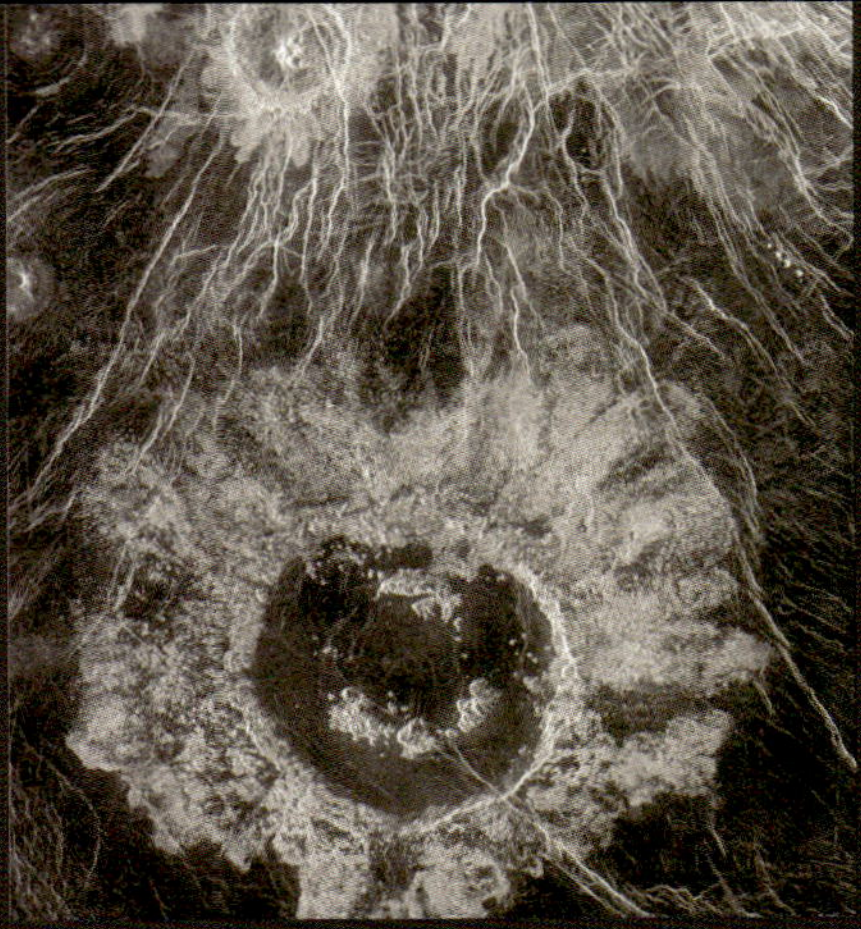

直径72キロメートルのホイットリー・クレーター。小さな隕石は金星の厚い大気中で燃え尽きてしまうため、金星には規模の小さなクレーターがない。

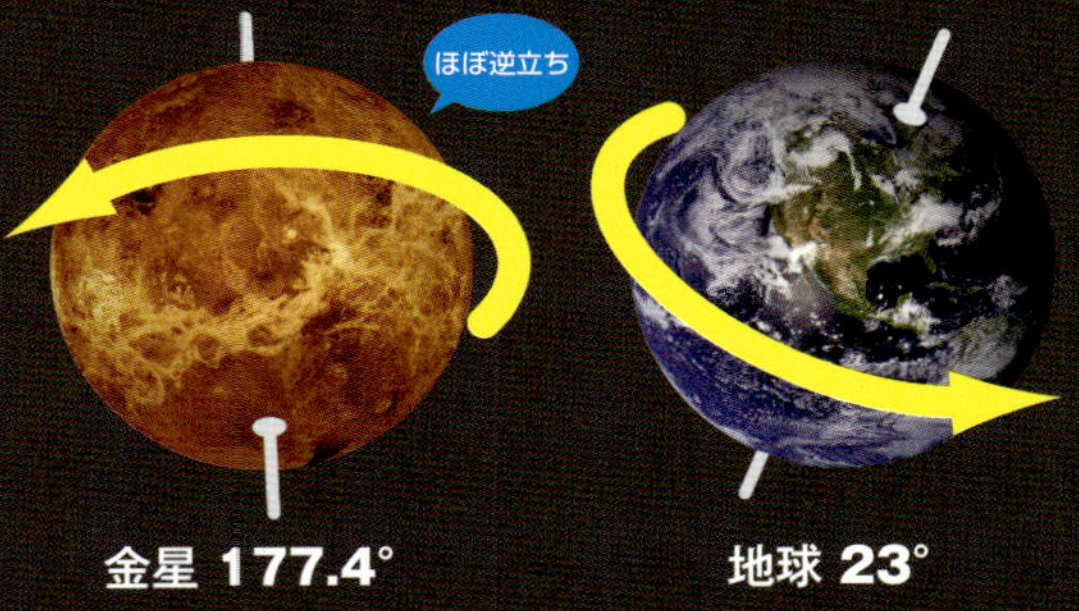

金星と地球の赤道傾斜角と自転方向の違い

太陽系の惑星は、ほとんどが「左回り（反時計回り）」で自転している。地球の自転軸は約23度で、自転は左回りだが、金星の自転軸は177.4度とほぼ逆立ちをしているような状態で、自転も逆方向に回っている。

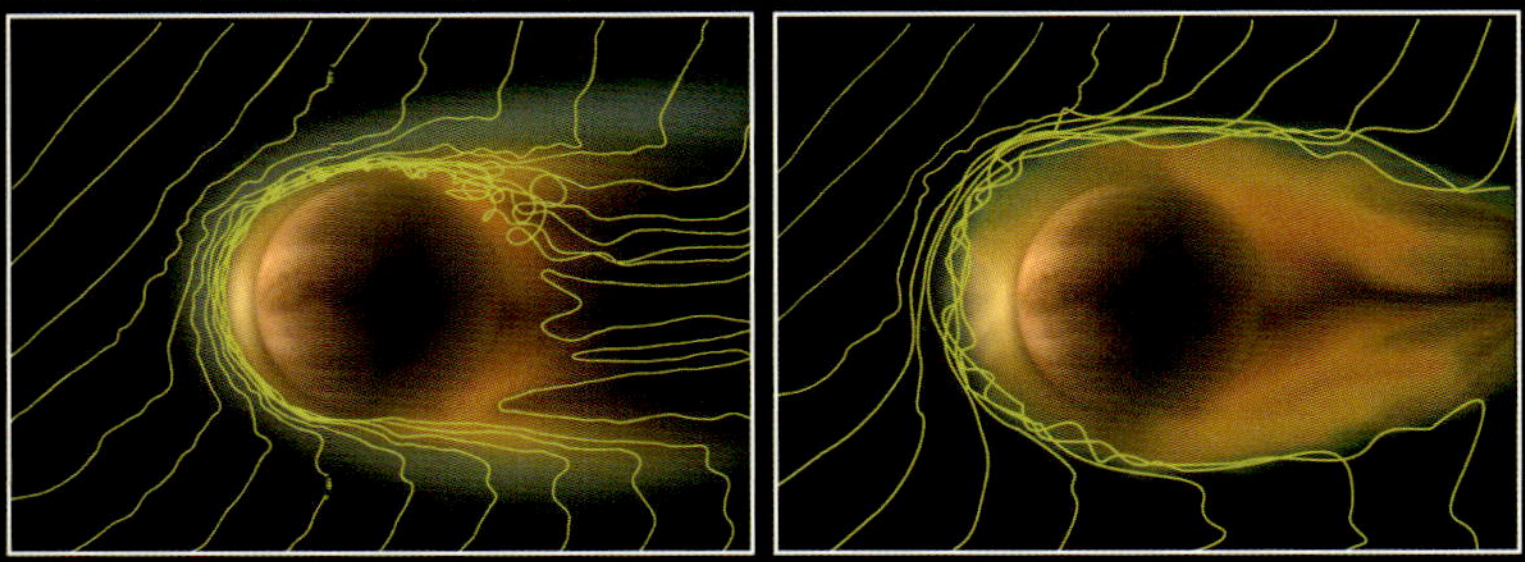

太陽風の影響を受ける金星の大気と電離層のイメージ。磁場によって守られている地球と違い、磁場のない金星は太陽風の影響をじかに受けてしまう。

2006年4月、金星の周回軌道に乗ったヴィーナス・エクスプレス（イメージ図）。金星大気の観測を主な目的として、最新の観測機器を搭載している。

1982年に「ベネラ13号」が撮影した金星の地表の様子。手前に見える金属は着陸した探査機の基部。地表の岩石は玄武岩質だと考えられている。

をはじめとする光学機器を多数搭載している。

日本でも2010年、JAXAが金星の気象観測を目的とした金星探査機「あかつき」を打ち上げたが、金星の周回軌道への投入に失敗。2015年に、再び軌道投入にチャレンジする予定だ。

金星の環境は未来の地球の姿か?

実は、誕生直後の地球と金星の環境は、それほど違いはなかったと考えられている。現在のような違いが生じた原因には諸説あるが、環境変化のカギは海の存在だ。

ある仮説では、最初は地球も金星も濃厚な二酸化炭素の大気があったが、地球では海が作られたために、二酸化炭素が海に溶け込んで大気から除去された。一方の金星には海ができなかったことから、二酸化炭素が除去されなかったという。別の仮説では、金星にも海は存在したが、太陽に近いために蒸発してしまったといわれている。

また、赤道傾斜角（自転軸の傾き）が関係しているという考えもある。金星の赤道傾斜角は177・4度で、ほとんど逆立ちをしているような状態だ。そのため、自転の向きも他の惑星とは逆方向に回っている。これは巨大な隕石、あるいは準惑星の衝突による影響で、そのときに海も蒸発してしまったのではないか、というのだ。

金星の過去については、今後の探査で明らかになることが期待されるが、もしも地球が金星と同じように温室効果が進んでいけば、将来、地球の環境も現在の金星のような厳しいものになってしまうかもしれない。

金星の火山活動の様子（イメージ図）。金星大気が現在のような組成になったのは、火山の活動期に排出されたガスが一因だと考えられている。金星の環境を知ることは、地球の温暖化や火山活動などによる環境変化の研究にも役立つ可能性がある。

標高8000メートルのマート火山とその周辺の地形（イメージ図）。火山から流れ出した溶岩が地表の亀裂を覆っている。この図では高さが協調されているが、実際の火山はもっとなだらかである。

豊かな生態系を持つ奇跡の星

地球 Earth

DATA

太陽からの平均距離：1億4960万Km
赤道半径：6378Km
体積（地球比）：1
質量（地球比）：1
密度：5.52g/cm^3
重力（地球比）：1
表面温度：−88〜58℃
赤道傾斜角：23.44度
公転周期：365.26日（1.0000174年）
自転周期：0.9973日
衛星：1

生命誕生の基準 ハビタブルゾーンとは?

太陽系第3番惑星、地球。私たちが住んでいるこの惑星は、太陽系誕生とほぼ同時期の約46億年前に生まれた。誕生直後の地球は灼熱の火の玉状態だったが、やがて雨が降り、地表が冷えていくとともに海ができた。原始の海で生命が生まれたのは、地球誕生から7億年後、今からおよそ39億年前ごろと考えられている。

現時点では、太陽系の惑星の中で地球にしか生命は存在していない。それは、地球が生命誕生のひとつの目安である「ハビタブルゾーン（生命居住可能領域）」に位置するからだと考えられている。

ハビタブルゾーンは、太陽の輝きの強さ（光度）によって決まる。光度が少なければハビタブルゾーンは太陽に近くなり、逆に光度が大きければ太陽から遠くなる。

太陽系の場合、このハビタブルゾーンの範囲に入っている惑星は地球だけだ。ただし、ハビタブルゾーンにあるからといって、必ずしも生命が発生するとは限らない。そのため、ハビタブルゾーンだけを重要視することに否定的な意見もある。

イラストレーション=久保田晃司

誕生間もないころの地球のイメージ。原始大気に覆われたことによって、地球は温室のように熱がこもった状態になり、地表は液状化した高温のマグマの海、「マグマオーシャン」となった。その後、地球は徐々に冷えていき、地殻が形成されて、私たちがよく知る現在の地球の姿へと変化していった。

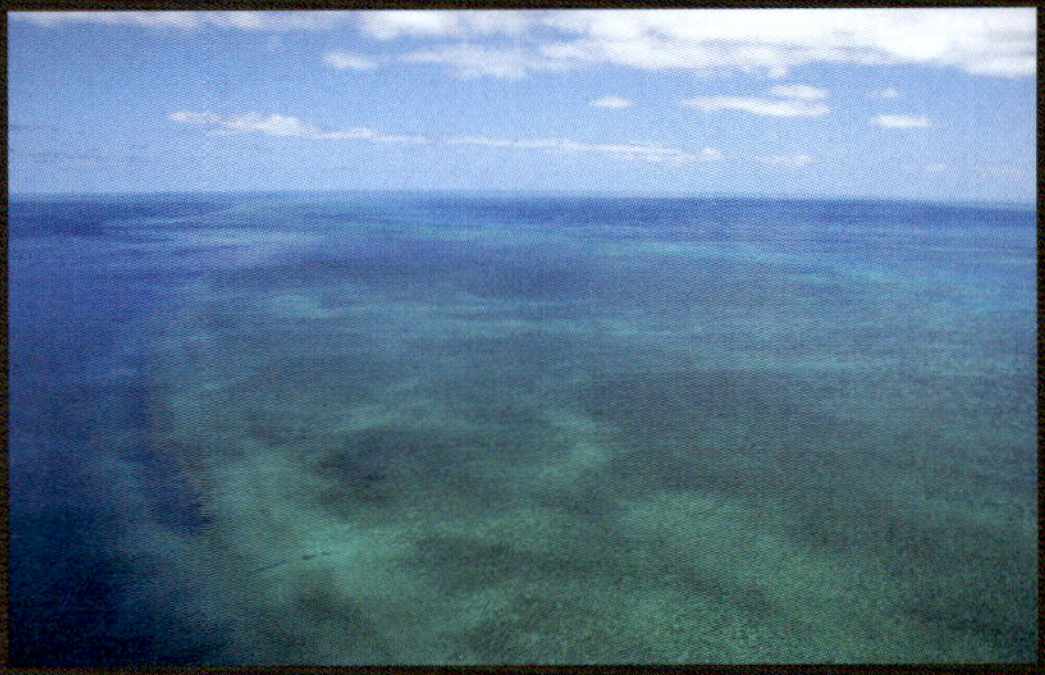

地球の表面積の約71パーセントを占める海。この大量の水が液体として存在できる環境だったからこそ、地球に生命が誕生することができたのだ。

水と天然のバリアが生命を生み出した?

どのようにして地球に生命が生まれたのか。それについては謎の部分も多いが、いくつかの必要条件が重なったためだと推定されている。

まず、生命誕生の大きな要因のひとつが水の存在だ。地球は太陽によって適度に暖められているため、水が液体として存在している。太陽からの距離

太陽系の「ハビタブルゾーン」 生命誕生の可能性がある「ハビタブルゾーン（生命居住可能領域）」。太陽系において、この領域に位置するのは地球だけだ。

現在のところ、太陽系で唯一、生命の存在が確認されている惑星、地球。誕生初期はマグマの海に覆われていたが、太陽からの絶妙な距離によって大気と水が生成され、複雑な環境と豊かな生態系を持つ星へと変化した。

が遠いと、水やメタン、アンモニアなどは液体ではなく固体（氷）になってしまう。水などが液体のまま存在できる距離を「雪線」あるいは「凍結線」という。太陽系の雪線はおよそ2・7AUで、火星と木星の間にある。

もうひとつの要因として考えられるのが、磁気圏の存在だ。磁気圏とは、地球の磁気が影響を及ぼす範囲のことで、地球は地球半径の10倍程度の磁気圏を持っている。この磁気圏が、太陽からのプラズマ流や宇宙に飛び交う有害な放射線などから地表を守ってくれているのだ。

金星のように磁気圏が小さいと（18

国際宇宙ステーション（ISS）から撮影された地球の日没の様子。地平線に沈む太陽が、青く美しい大気を照らしている。大気の厚さは地球の直径の400分の1程度しかなく、大気がいかに薄く、かけがえのないものであるかが実感できる。

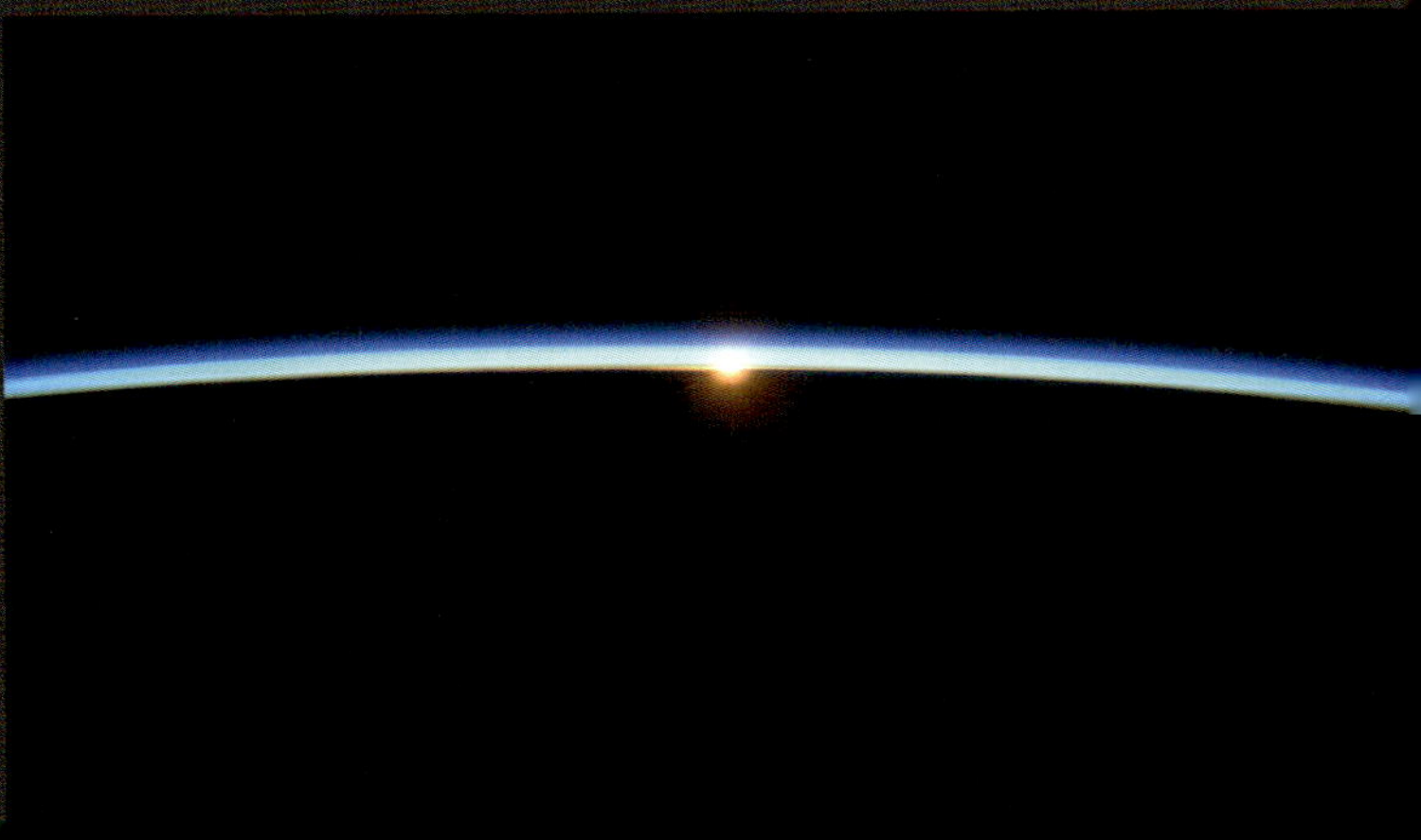

ページ参照)、たとえ生命が誕生したとしても、強力な放射線にさらされてしまい、人類のような知的生命にまでは発展しなかっただろう。

　地球の生命は、液体の水と放射線から守ってくれる磁気圏、そして、ほかにいくつもの条件が重なって誕生した。実に奇跡的な確率の出来事だったのだ。

もっとも身近な天体地球を知るために

　地球は私たちの住む故郷であると同時に、太陽系に属する天体のひとつだ。地球について知ることは、天体に関する知識を増やすことにもなる。また、私たち人類が地球の環境を守り、生活をより豊かに、安全なものにしていくことにもつながるのだ。

　そんな地球を知るためのひとつの方法が、衛星軌道上からの人工衛星による観測だ。1972年に打ち上げられたNASAの「ランドサット」以来、世界各国から地球観測衛星が数多く打ち上げられている。

2005年8月末に発生したハリケーン・カトリーナの衛星画像。アメリカ南東部を広範囲に覆う雲の様子から、その規模の巨大さがうかがえる。

　この地球観測において、日本も世界的な貢献を果たしている。海洋観測としては、1987年に「もも1号」、1990年に「もも1号b」を打ち上げている。また、日米欧が協力して作った地球観測プラットフォーム技術衛星「みどり(ADEOS)」は、1996年に打ち上げられ、南極上空のオゾンホールをはじめ、さまざまな地球環境データを集めている。

　そして現在は、二酸化炭素の濃度分布を高精度で測定する温室効果ガス観測技術衛星「いぶき」、さまざまな気象現象を観測する地球観測衛星「Aqua(アクア)」、磁気圏の研究のためにオーロラを観測するオーロラ観測衛星「あけぼの」、日米が協力して開発した磁気圏尾部観測衛星「GEOTAIL(ジオテイル)」、陸地の地図作成や災害状況把握、資源調査のためのデータを集める陸域観測技術衛星「だいち2号」が運用されている(日本の人工衛星については90ページ参照)。

　地球を宇宙から観測し、詳細なデータを分析することによって、将来的には気象の変動や温暖化、さらには洪水などの災害から人々を守ることができるようになるかもしれない。

ハリケーン・カトリーナの影響で、街の8割が水没したルイジアナ州ニューオリンズ。アメリカ南東部全体で1800名を超える死者を出し、アメリカ史上最大級の自然災害となった。人工衛星を活用して地球を取り巻くさまざまな現象をつぶさに観測し、データを収集・分析することが、私たちの未来のためには不可欠なのだ。

地球を観測する人工衛星の種類と役割

種類	役割	主な衛星名
地球観測衛星	地球をリモートセンシングにより観測する	しずく、Aqua、LANDSAT、Terra
気象衛星	気象観測を行う	ひまわり、GOES、NOAA
陸域観測衛星	陸地を観測し環境の変化を捉える	だいち2号
海洋観測衛星	海洋を観測し環境の変化を捉える	もも1号、もも1号b、Jason
磁気圏観測衛星	地球磁気圏の観測を行う	あけぼの、GEOTAIL
通信衛星	高速通信・移動体通信・衛星間通信など、通信を目的とする	きずな、こだま
放送衛星(BS)	地上の放送局からの電波を中継する	ゆり1号、BSAT-3c
測位衛星	測位を行うための信号を発信する	GPS、みちびき

※軍事目的を除く

夜空を幻想的に彩るオーロラ。地球を取り巻く磁気圏にプラズマ粒子が飛び込み、大気と衝突して起こる発光現象だ。

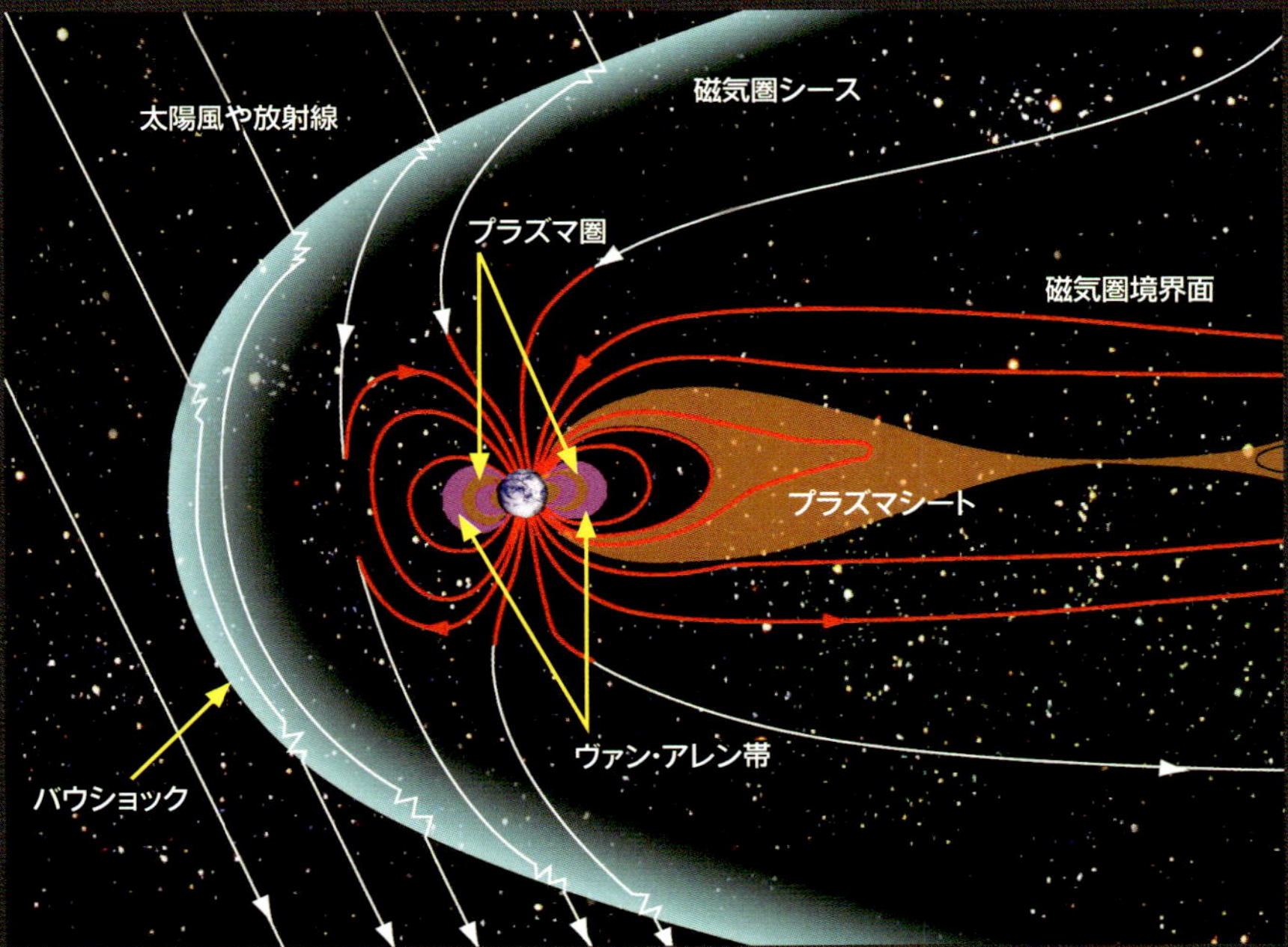

地球の磁気圏のイメージ図。地球の磁気圏は、太陽風によって太陽側はつぶされ、反対側に大きく尻尾が伸びている形状になる。地表はこの磁気圏の磁場によって、強烈な太陽風や放射線から守られている。もし磁気圏が消えてしまったら、地球の生命は絶滅の危機に瀕するだろう。

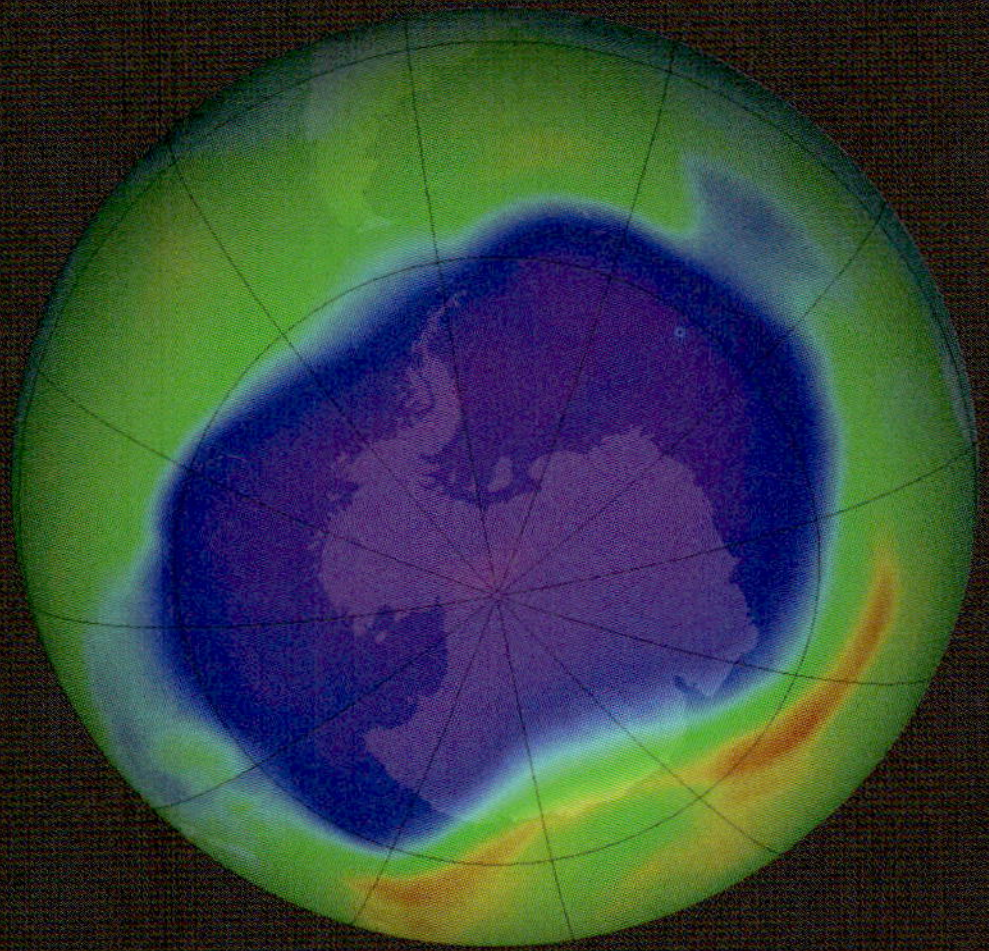

人工衛星の観測データを元に解析した南極上空のオゾンホールの様子（2006年9月24日のデータ）。紫外線をさえぎる役目を果たすオゾン層が、温室効果ガスによって破壊されることで生じるオゾンホールは、地球環境問題の最重要課題のひとつである。

月 Moon

地球にもっとも近い天体

DATA

赤道半径：1737.4km
体積（地球比）：0.0203
質量（地球比）：0.0123
密度：3.34g/cm³
重力（地球比）：0.17
表面温度：−233〜123℃
赤道傾斜角：6.67度
公転周期：27.322日
自転周期：27.3217日

人類にとって月は特別な存在

惑星の周囲を一定の軌道でめぐる天体を「衛星」という。地球の衛星である月は、地球にもっとも近い天体であり、これまでに人類が到達したことのある唯一の天体でもある。太陽系にはたくさんの衛星が存在するが、その中で月は5番目に大きな衛星だ。また、惑星と衛星との直径比率も、地球と月のペアは他に比べて桁違いに大きいという特徴を持っている。

月は公転周期と自転周期がほぼ同じため、常に同じ面を地球に向けているが、こうした同期現象は他の多くの衛星にも見られるもので、特にめずらしい現象ではない。

月は人類にとっては身近な存在であり、古くから信仰の対象にされたり、月を用いた暦や伝統行事など、世界各地の文化にも深いかかわりを持っている。近年では、人類の宇宙進出における重要な足がかりとして、月面探査をはじめ、将来的には月の資源開発、月面基地の建設など、各国でさまざまな計画が検討されている。

月はどのように誕生したのか？

月の起源については、代表的な4つの仮説がある。①地球の自転により、地球の一部が飛び出して月になったとする「分裂説」（親子説・出産説）、②別の場所で生まれた天体が、たまたま地球の引力に捕らえられて衛星になったとする「捕獲説」（他人説・配偶者説）、③地球と同時に誕生したとする「共成長説」（兄弟説・双子集積説）、そして④「ジャイアント・インパクト説」だ。④の仮説によれば、地球が誕生して

月面衝突実験を行うNASAの探査衛星「エルクロス」（イメージ図）。月の両極のクレーター内にある「永久影」には氷が存在すると考えられていた。2009年10月、エルクロスは月の南極付近にあるカベウス・クレーターに衝突、そのとき噴出した物質を分析したところ、月に水があることが確認された。

月の北極で、クレーターの永久影内に氷があると推測される部分の画像。

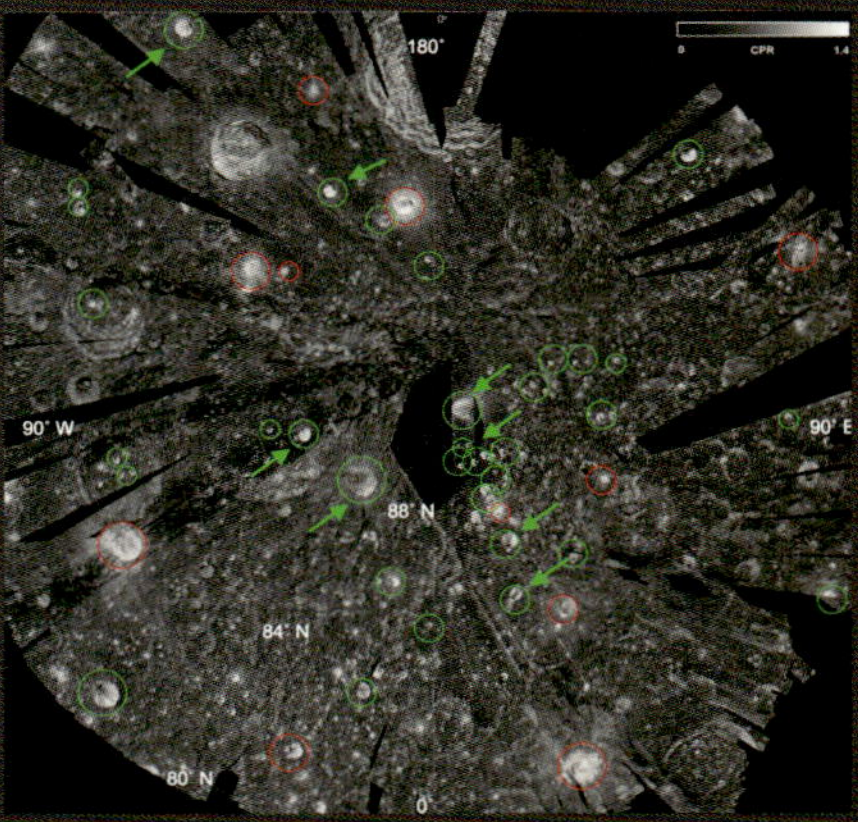

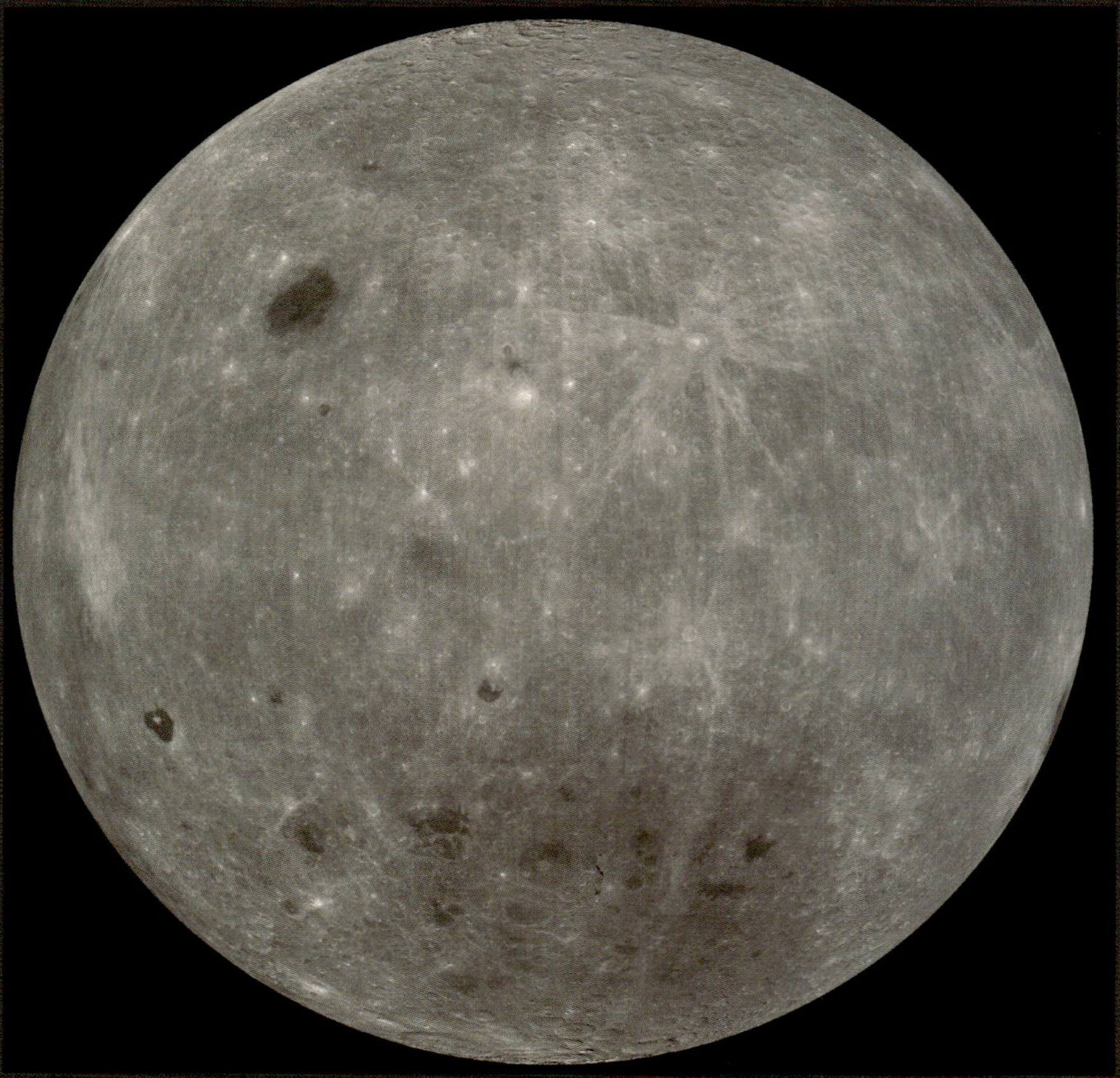

NASAの月探査機「クレメンタイン」が捉えた月の裏側の様子。月は地球に対して常に同じ面（表側）を向けているため、地球上からは見ることができない。裏側には表側に見られる「海」（黒く見える部分）がほとんどなく、「高地」と呼ばれる険しい地形が多いのが特徴だ。

神秘的に輝く月。満ち欠けによってさまざまな表情を見せる月は、潮の満ち引きといった物理的な作用だけでなく、精神的な面においても人類にとってかけがえのないパートナーである。

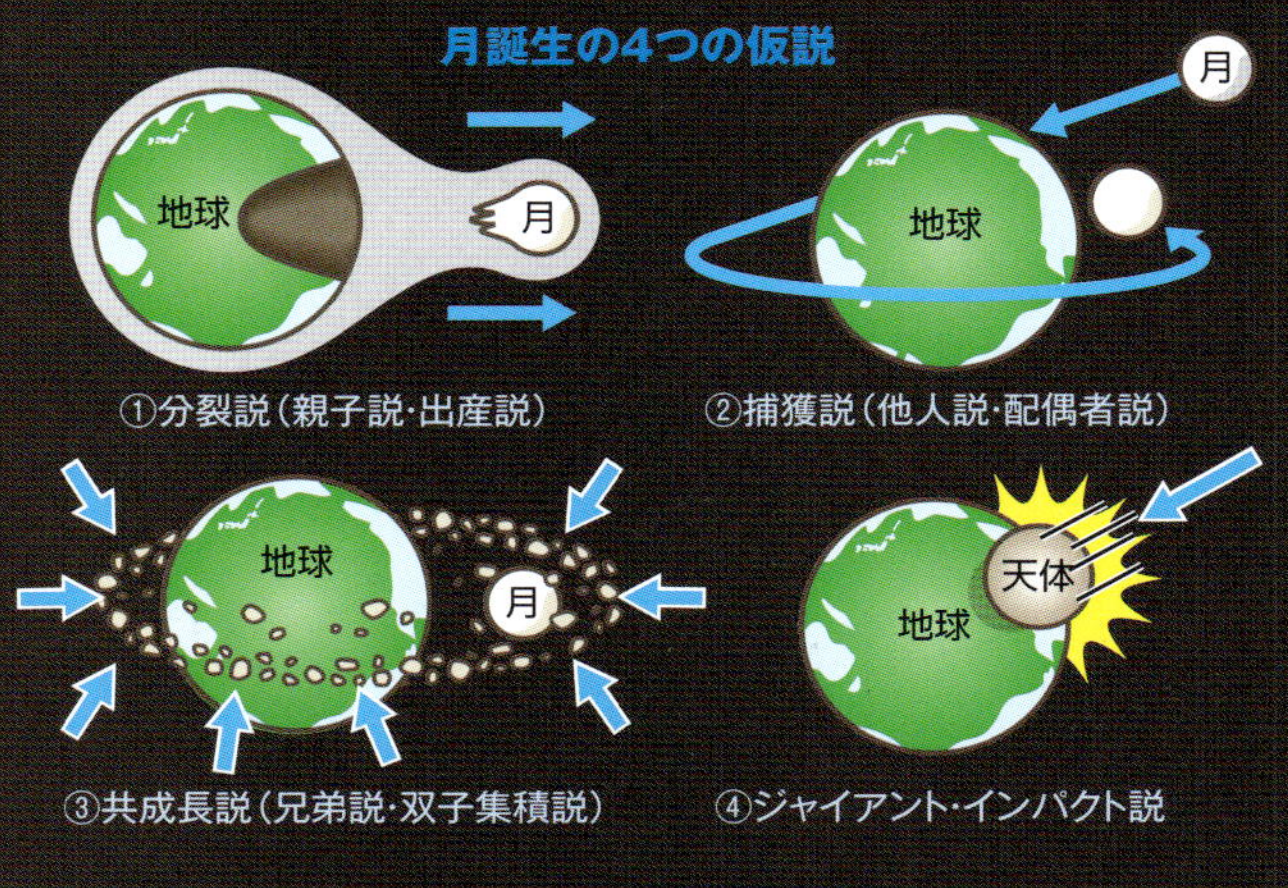

まだ間もないころに、現在の火星とほぼ同じ大きさの原始惑星が地球に衝突し、原始惑星が砕け散ると同時に、地球のマントル物質も一部宇宙へ放出された。多くの破片が地球の周回軌道に乗り、やがて破片同士がぶつかり合い、天体として成長して月ができたという。誕生したばかりの太陽系では、原始惑星同士の激突はそれほどめずらしい現象ではなかったと考えられている。

　このジャイアント・インパクト説であれば、月の組成が地球のマントル物質とほぼ同じであることや、月の核の大きさが予測されたよりも小さいという点の説明がつくことから、現在もっとも有力な仮説とされている。

火星
Mars

岩石と砂に覆われた赤い大地

DATA

太陽からの平均距離：2億2794万Km
赤道半径：3396Km
体積（地球比）：0.151
質量（地球比）：0.107
密度：3.93g/cm^3
重力（地球比）：0.38
表面温度：−87～5℃
赤道傾斜角：25.19度
公転周期：686.98日（1.8808年）
自転周期：1.026日
衛星：2

火星には火星人が作った運河が存在する？

地球の外側の軌道を回る赤い惑星、火星。英語名の「マーズ（Mars）」は、その赤い色が動物の血液や火を連想させることから、ローマ神話における戦いの神「マルス」にちなんで名づけられた。だが、火星が赤く見えるのは、当然ながら血でも火のせいでもなく、火星表面の土に酸化鉄が多く含まれているためだ。

天体望遠鏡の精度がそれほど高くなかったころ、望遠鏡をのぞくと、火星の赤い表面にうっすらと黒い線が見えた。イタリアの天文学者が、この模様をイタリア語で「溝（あるいは水路）」を意味する「canali」と記述したところ、英訳する際に「運河」を意味する「canal」と誤訳してしまったことから、「火星には運河がある」という説が広まった。

そして、「運河があるなら、当然それを作った文明もあるはずだ」という考えから、火星人が存在すると信じられるようになった。そのため、火星や火星人を扱った小説などが作られるようになり、中でもイギリスの作家H・G・ウェルズの小説『宇宙戦争』は、人々に「火星人＝タコ型宇宙人」というイメージを植えつけたほどのインパクトを与えた作品だった。

やがて観測技術が発達し、いくつもの探査機が火星の調査を行うようになると、火星表面に見えた黒い線は運河ではなく、自然が作り出した地形であることが判明し、それまで考えられてきたような火星人の存在は否定された。

赤道付近には、地殻が裂けてできたマリネリス峡谷が横たわる。全長4000キロメートル、最大幅200キロメートル、深さ8キロメートルという巨大さで、太陽系最大の峡谷といわれる。これらの地形が見せる模様が、かつての「火星に運河がある」という主張につながった。

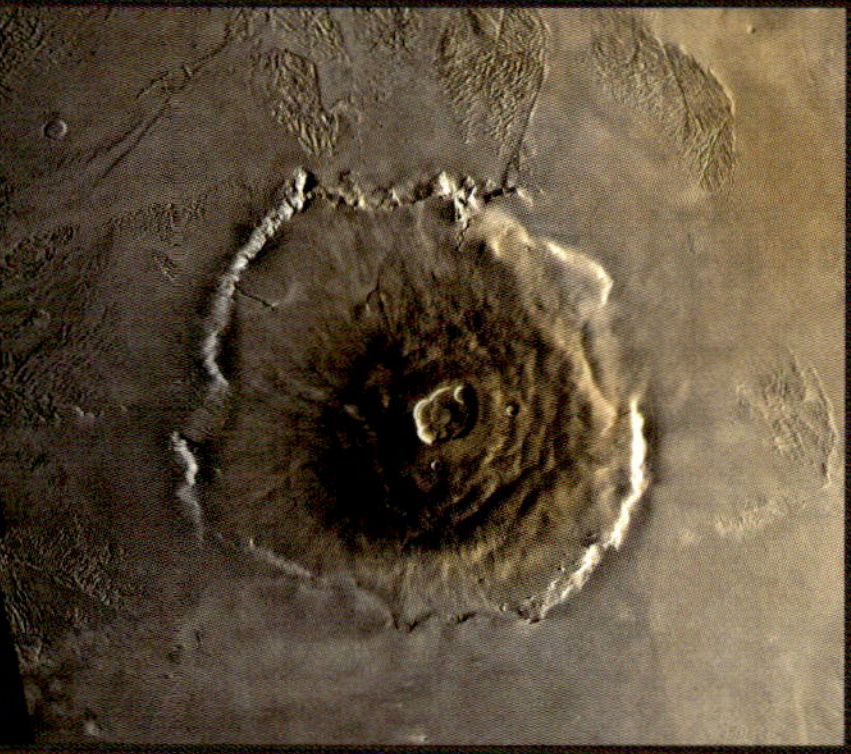

こちらも太陽系最大といわれるオリンポス山。高さは2万5000メートルを超え、裾野の直径は600キロメートルにもなる。数百万年前まで火山活動があったと考えられているが、現在は火山活動は認められない。

火星の地表の様子。実際の火星は、このように岩石と砂ばかりの荒涼とした世界だった。

赤茶色に覆われた火星。火星が赤く見えるのは、地表の岩石や砂などに多く含まれる酸化鉄のためだ。南北の極付近は氷に覆われているため白く見える。

火星はフォボス（右）とダイモス（下）というふたつの衛星を持つ。それぞれ半径10キロメートル程度の大きさで、いびつな形をしている。徐々に火星に近づいているため、いずれは火星の重力で破壊される可能性がある。

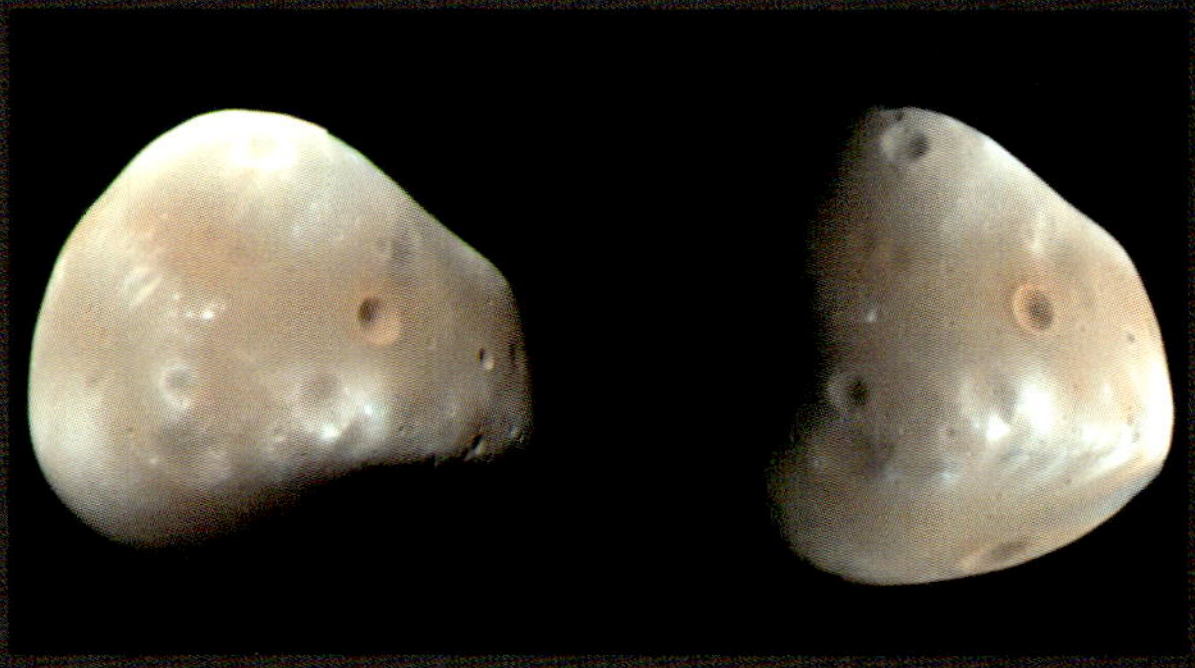

火星もかつては生命に適した惑星だった？

では、火星には生命はまったく存在しないのだろうか。実は「太古の火星には水があった」と思われる証拠がいくつか発見されている。

たとえば、NASAが2005年8月に打ち上げた火星探査機「マーズ・

リコネイサンス・オービター」は、火星のクレーターの斜面に、水の浸食でできたような線状模様を発見している。また、NASAの探査ローバー「キュリオシティ」の掘削作業によって得られたサンプルからは、酸性度の低い静止した水の中で作られる粘土の一種で、スメクタイトという物質も見つかっている。

そして、現在でも火星の高緯度地域には、「極冠」という形で水が残っている。極冠の表面には数メートルの二酸化炭素の氷（ドライアイス）があり、その下に水が存在していると考えられるのだ。また、過去に存在した大量の水が、含水鉱石（水分を多く含んだ岩石）という形で地中に存在する可能性も高い。

水が存在していたなら、火星で生命が生まれたという可能性も否定できない。1996年、NASAのデヴィッド・マッケイ博士らのチームは、火星から飛来した隕石の中に生命の痕跡を発見した、と発表した。大きさが20～100ナノメートル※というバクテリアに似たチューブ状の模様や、微生物が作り上げる鉱物粒、有機物が見つかったというのだ。しかし、これに反論す

火星の南半球高地に位置するクレーターの側壁を撮影したもので、水流に浸食された様子がよくわかる。水が流れてできたと思われるこうした地形は火星のいたるところで確認されており、かつて火星には豊富な水があったことを示している。

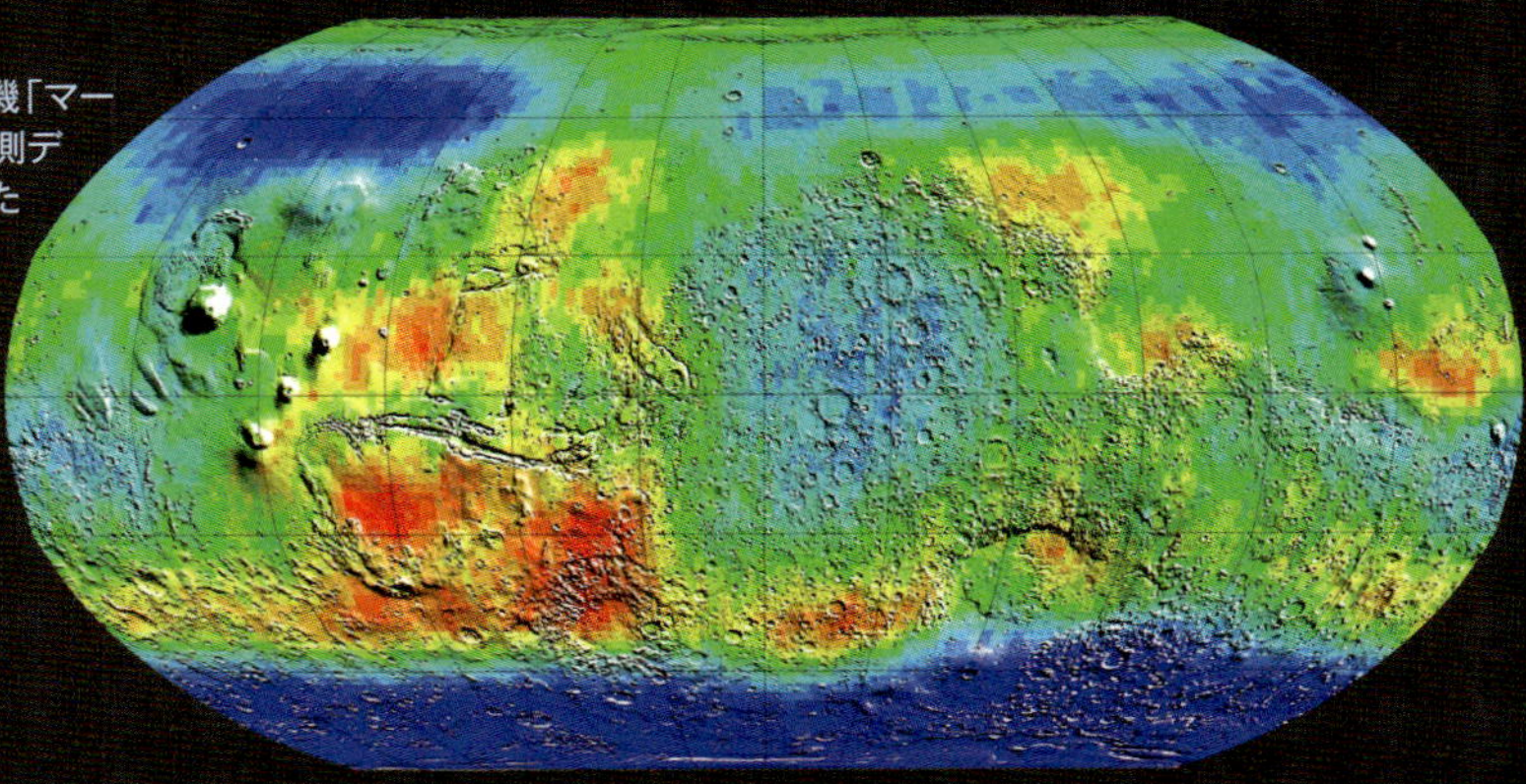

NASAの火星探査機「マーズオデッセイ」の観測データから作成された熱外中性子線マップ。水素の量が多い場所を青く表示している。水素の量が多いということは、水分（$H^{2}O$）が存在する可能性も高いことになる。

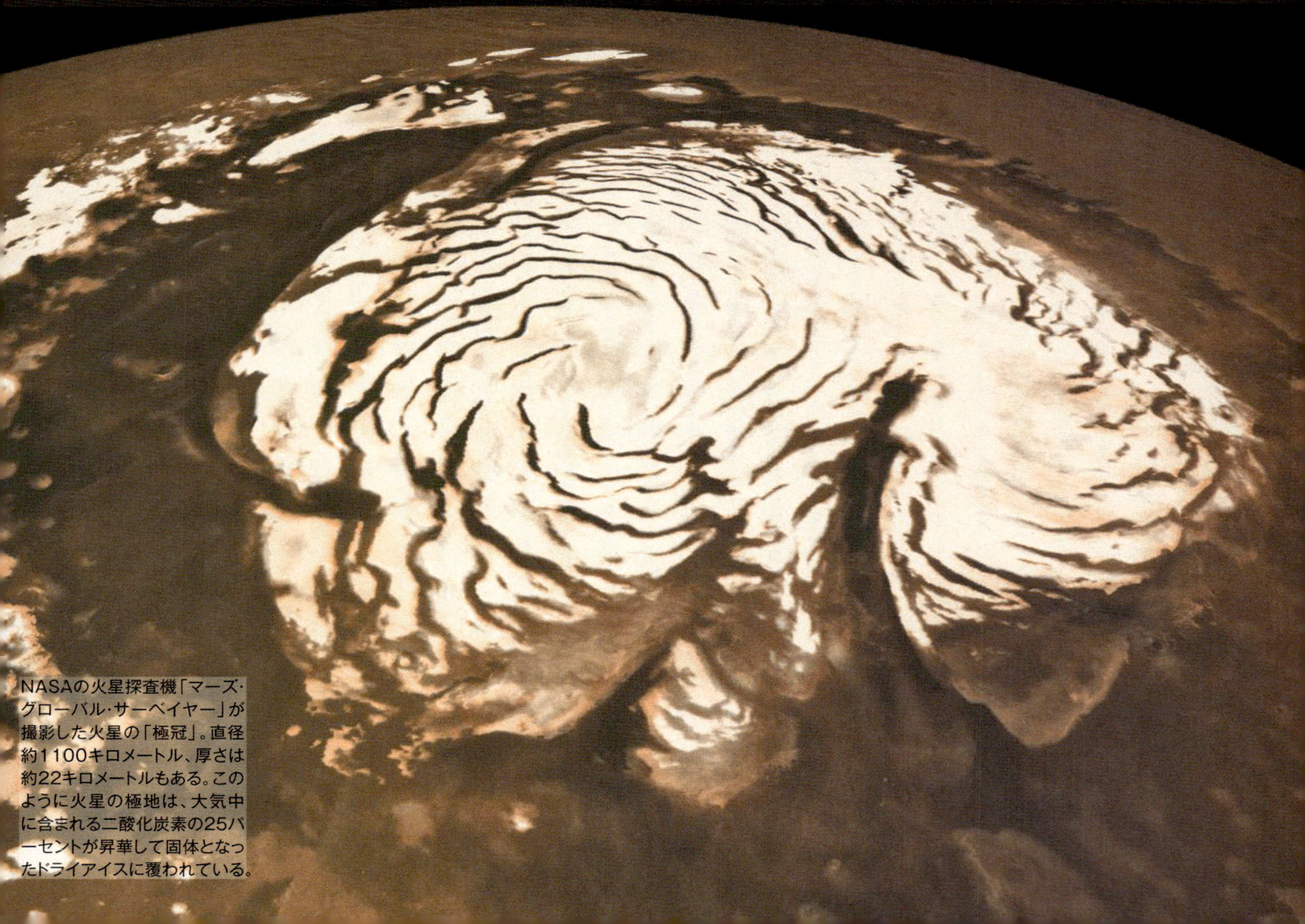

NASAの火星探査機「マーズ・グローバル・サーベイヤー」が撮影した火星の「極冠」。直径約1100キロメートル、厚さは約22キロメートルもある。このように火星の極地は、大気中に含まれる二酸化炭素の25パーセントが昇華して固体となったドライアイスに覆われている。

る意見も多く、現在でもこれが「生命の痕跡」かどうかが議論されている。

今後人類は火星への進出を目指す

火星はおよそ2年2か月ごとに、地球にもっとも接近する。火星までの距離が短くなるこの機会を活かして、これまでに数々の火星探査機が送り込まれてきた。今後もESAの「ExoMars(エクソマーズ)計画」など、多くの火星探査ミッションが計画されている。

こうした計画の最終目標は、火星への有人飛行だ。NASAは、2030年ごろまでに人類が火星に到達し、長期滞在しながら火星探査や資源開発を行う見通しを発表している(これからの宇宙開発計画については100ページ参照)。

将来の火星進出計画の中には、人間が居住できる基地を建設するだけでなく、火星の環境そのものを地球に似た環境に変える「テラフォーミング」など、さまざまなアイディアも検討されている。いつの日か、火星が人類にとって「第2の故郷」になるかもしれない(火星のテラフォーミングについては108ページ参照)。

NASAの火星探査機「フェニックス」が地表探査中に足元をロボットアームで掘り返したところ、中から氷が現れた(2008年6月15日と19日の画像)。

ESAの火星探査機「マーズ・エクスプレス」が捉えた、北極付近のクレーターにある氷。極冠に見られるドライアイスではなく、純粋な氷塊と考えられている。

火星の掘削ポイントで、自身を撮影したNASAの探査ローバー「キュリオシティ」。同機が掘削した岩のサンプルから、水のある場所で生成されるスメクタイトが検出されたことにより、火星がかつて生命の生存できる環境であった可能性が高まった。

割れた岩石の内側からあざやかな青色がのぞく。白色の岩石も確認されており、赤い砂に覆われた火星の新たな一面を見ることができる。

※ナノメートル：1ナノメートルは10億分の1メートル。

太陽系誕生時の秘密を握る

小惑星

Asteroids

太陽系内に無数に漂う小さな天体

太陽系にある小さな天体の中で、彗星のように物質を吐き出していない天体を総称して「小惑星」と呼ぶ。

小惑星は、火星と木星の間にある「小惑星帯(アステロイドベルト)」に数多く存在する。ほかに、木星の軌道上にも「トロヤ群」と呼ばれる場所や、太陽系外縁部にある「エッジワース・カイパーベルト」にも小惑星が存在する。それらと区別するために、従来の小惑星帯を「メインベルト」(あるいは「メイン・アステロイドベルト」)と呼ぶようになった。

現在観測されている小惑星は25万個以上あり、総数は数百万個に達すると推定されている。これだけの数があると、小惑星同士はとても近い距離にひしめき合っているような印象を受けるかもしれないが、実際にはそれぞれ大きく離れた位置関係にある。

小惑星のサイズや形状はさまざまで、構成成分や構造などもそれぞれに違いがある。写真の小惑星アイダのように、小さな衛星を持つものも確認されている。

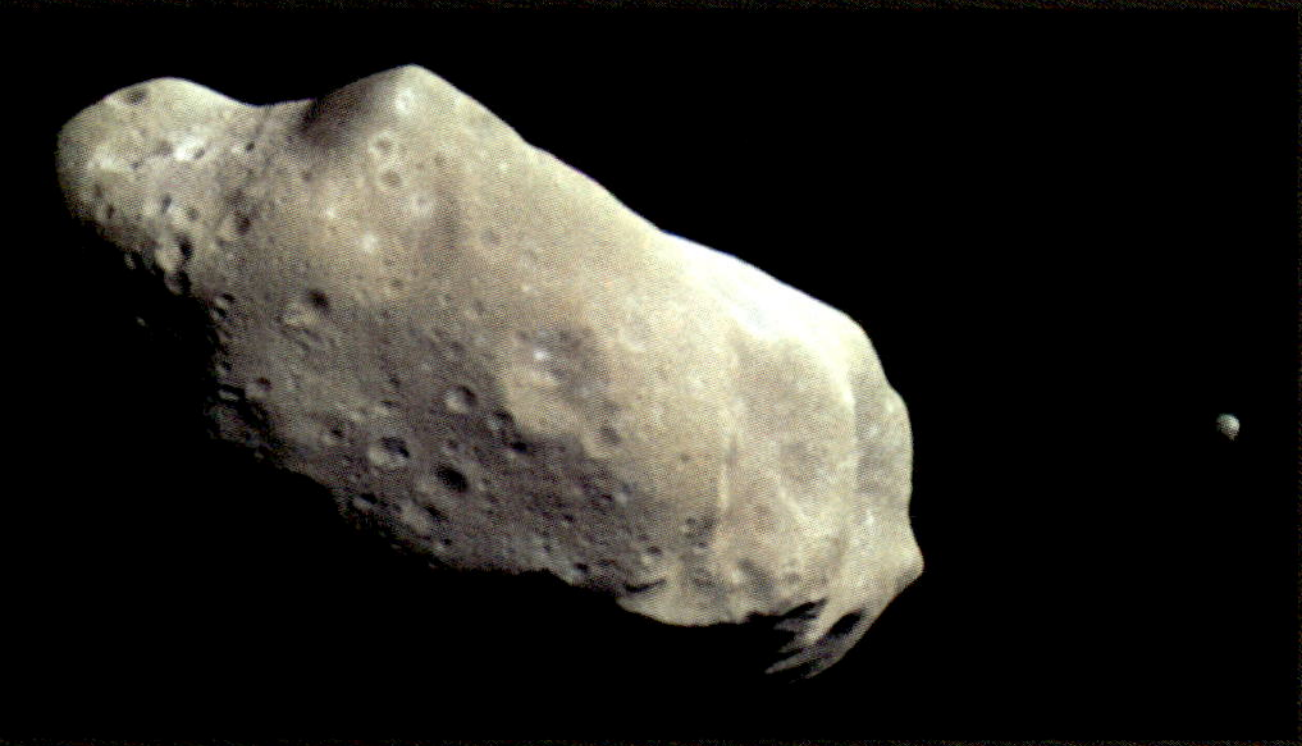

もっとも大きな小惑星は、直径およそ520キロメートルのパラスで、その次に大きい小惑星がベスタだ。かつては、直径952キロメートルのケレス(セレス)が最大の小惑星とされていたが、ケレスは2006年に新しく作られた準惑星のカテゴリへ再分類された。

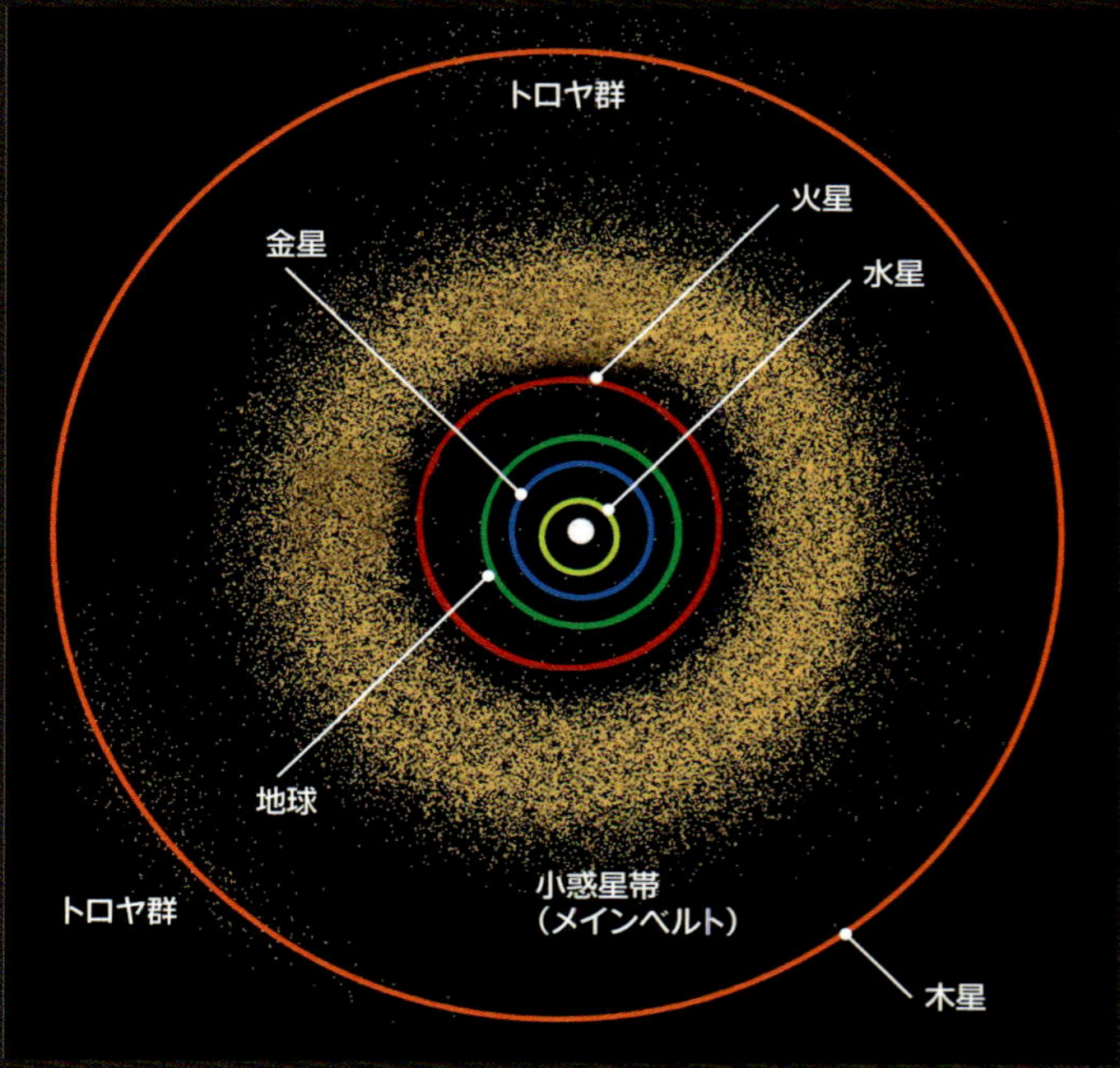

火星・木星間の軌道上に広がるメインベルト。そのほかに、木星軌道上には木星を挟むように「トロヤ群」が存在する。

小惑星探査が太陽系誕生の謎を解く?

メインベルトの成り立ちについては、その昔、火星と木星の間にあった惑星が破壊された結果だという説もあったが、現在では、木星の巨大な重力の影響により、惑星になりきれなかった天体が集まったものだという考え方が主流となっている。

惑星のように十分な大きさや質量もなく、大気や水の影響を受けていない小惑星は、太陽系が誕生したころの状態を維持していると考えられている。JAXAの小惑星探査機「はやぶさ」のミッションが世界的に評価されるのも、世界で初めて小惑星のサンプルを持ち帰ったことが大きい。「はやぶさ」が小惑星イトカワから持ち帰った微粒子は、世界各国の研究者によって解析が進められている。これまでに、ひとつの微粒子に複数の鉱

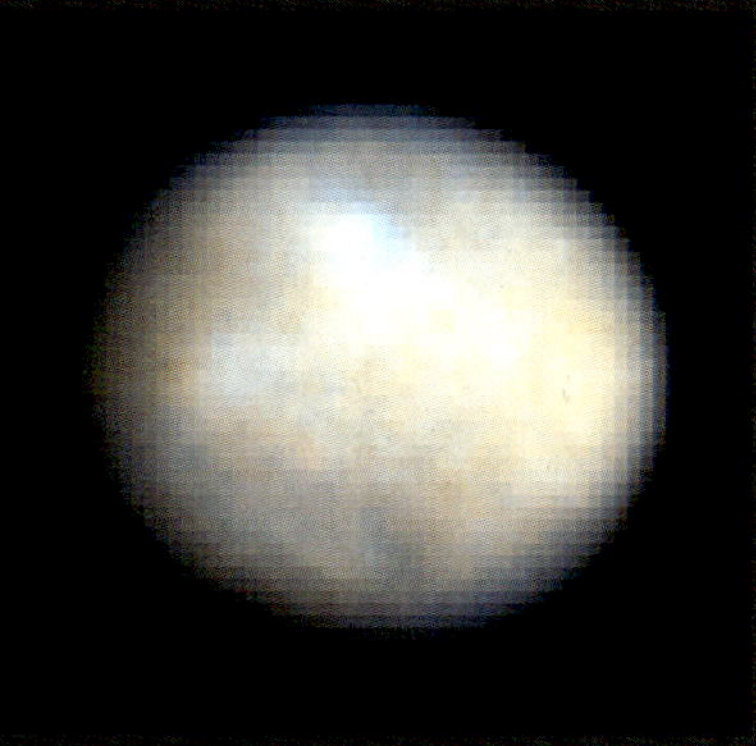

「ハッブル宇宙望遠鏡」が捉えた準惑星ケレス。1801年に発見され、小惑星帯中で最大の小惑星とされてきたが、その大きさにより、のちに準惑星に分類された。

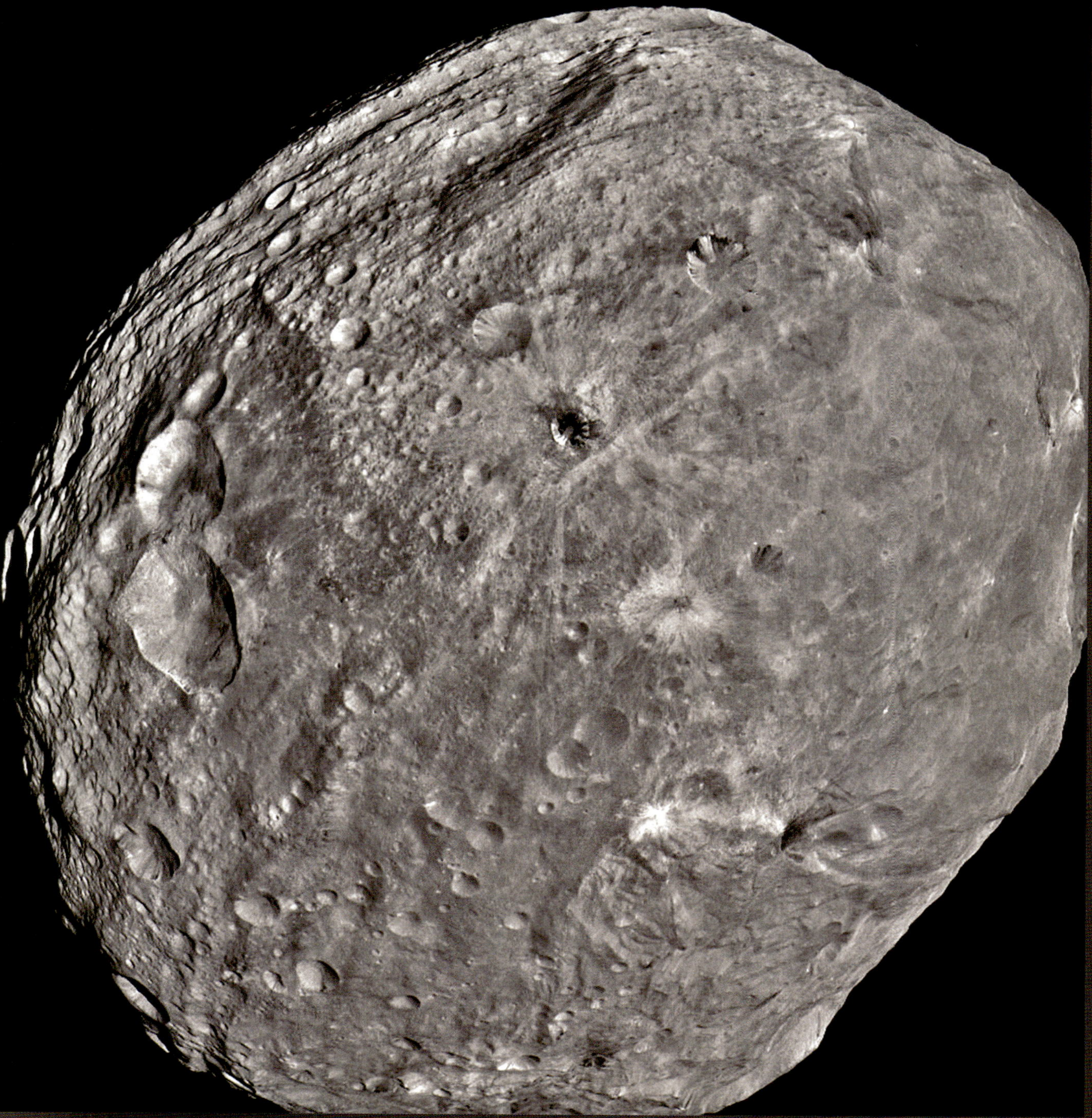

NASAの小惑星探査機「ドーン」が2011年7月24日に撮影した小惑星ベスタ。ベスタは「小惑星帯」の中で2番目に大きな小惑星だ。NASAはドーンの観測結果の分析から、「おそらく水と思われる揮発性物質を含む鉱石を発見した」と発表している。

種が複雑に混在していることなどがわかっており、さらに分析が進めば、小惑星の成り立ちだけでなく、太陽系誕生の様子を知ることができるかもしれない（小惑星探査機「はやぶさ」については88ページ参照）。

一方、NASAも小惑星に着目しており、2007年9月には、小惑星探査機「ドーン」を小惑星帯へ送り込んで、ケレスとベスタの探査を行っている。ドーンは2011年7月からベスタの周回軌道に入り、1年以上にわたって観測したあとで、次の目的地であるケレスへ向かった。ケレスには2015年2月に到着し、同年7月にはすべてのミッションを終了する予定だ。

ベスタの軌道上に到達したドーン（イメージ図）。2012年9月にベスタの観測を終えたドーンは、2015年2月の到着予定でケレスに向かっている。

木星
Jupiter
太陽系最大の巨大ガス惑星

質量不足で太陽になり損ねた惑星

木星は太陽系の中でもっとも巨大な惑星だ。太陽と同様に、主に水素とヘリウムから構成されるガス惑星であり、「太陽になり損ねた星」という異名を持つ。だが、実際に木星が太陽と同じ恒星になるためには、天体内部で核融合反応が起こる程度の質量が必要で、そのためには今の木星よりも70〜80倍も重くなければならないのだ。

もし木星が核融合反応を起こすだけの質量を持ち、太陽と同じ恒星になっていたとすれば、太陽系の形成過程において、惑星の数や大きさ、軌道要素などに影響を及ぼしたはずであり、太陽系は今とはまったく違った姿になっていただろう。

ただ、木星が現在の軌道のまま「第2の太陽」になったとしても、木星と太陽の距離は地球と太陽の距離のおよそ5・2倍もあるため、人類への心理的な影響は除いて、地球に大きな影響はなかったと考えられている。

「ハッブル宇宙望遠鏡」が2009年7月から11月にかけて撮影した木星の変化の様子。500メートルほどの大きさの小惑星が衝突し、徐々にその痕跡が消えていく様子から、木星の表面がガスで覆われていることがよくわかる。

DATA

太陽からの平均距離：7億7830万Km
赤道半径：7万1492Km
体積（地球比）：1321
質量（地球比）：317.83
密度：1.33g/cm^3
重力（地球比）：2.37
表面温度：−148℃
赤道傾斜角:3.1度
公転周期：4332.82日（11.862年）
自転周期：0.414日
衛星：67

木星のトレードマーク「大赤斑」の謎

木星を特徴づけている茶褐色の横縞模様は、強い気流の流れによるものだ。その中にひときわ大きく見える楕円の渦は「大赤斑《だいせきはん》」と呼ばれる現象で、長さが約2万4000キロメートル、幅が約1万3000キロメートルもあり、実に地球2個分の巨大さである。

木星には大赤斑のほかにも、いくつかの小さい斑点が存在するが、2008年には「小赤斑」と呼ばれる小さな斑点が消えてしまう様子が観測された。その理由は、大赤斑によって吸収されたか、破壊されたためと考えられてい

惑星探査機「ボイジャー1号」が捉えた「大赤斑」。大赤斑の中は反時計回りの渦が発生している。この渦は1665年に発見されて以来、実に300年以上存在しつづけているが、その明確なメカニズムはわかっていない。

NASAの土星探査機「カッシーニ」が撮影した木星。美しい縞模様や大赤斑の中の渦まで克明に捉えている。左側の下方に写っている影は衛星エウロパのものだ。

南極上空から見た木星。極方向から眺めると、自転方向に沿って生じるガスの縞模様がきれいな同心円状に見える。

る。大赤斑や小赤斑などの現象が、どのような原因で生じているのかは、木星の大きな謎のひとつだ。

木星の内部構造に関しても、あまりよくわかっていない。他の惑星同様、木星の中心にも核（コア）が存在しており、その大きさは地球の数倍程度と推定されている。しかし、木星にはコアはないかもしれないという学説もあり、実際に木星探査機が詳細な観測を行うまでは、はっきりとした結論は出ないだろう。

また、木星はたくさんの衛星を持つ惑星だ。2013年時点で67個の衛星が確認されており、太陽系の惑星の中で最多である。そのうちの50個に名前がつけられている。

また、あまり知られていないが、土星と同じように木星にもリング（環）

が存在する。このリングはNASAの惑星探査機「ボイジャー1号」によって発見され、「ボイジャー2号」によって3本確認されている。木星のリングは、土星のリングに比べるとずっと細くて暗い。

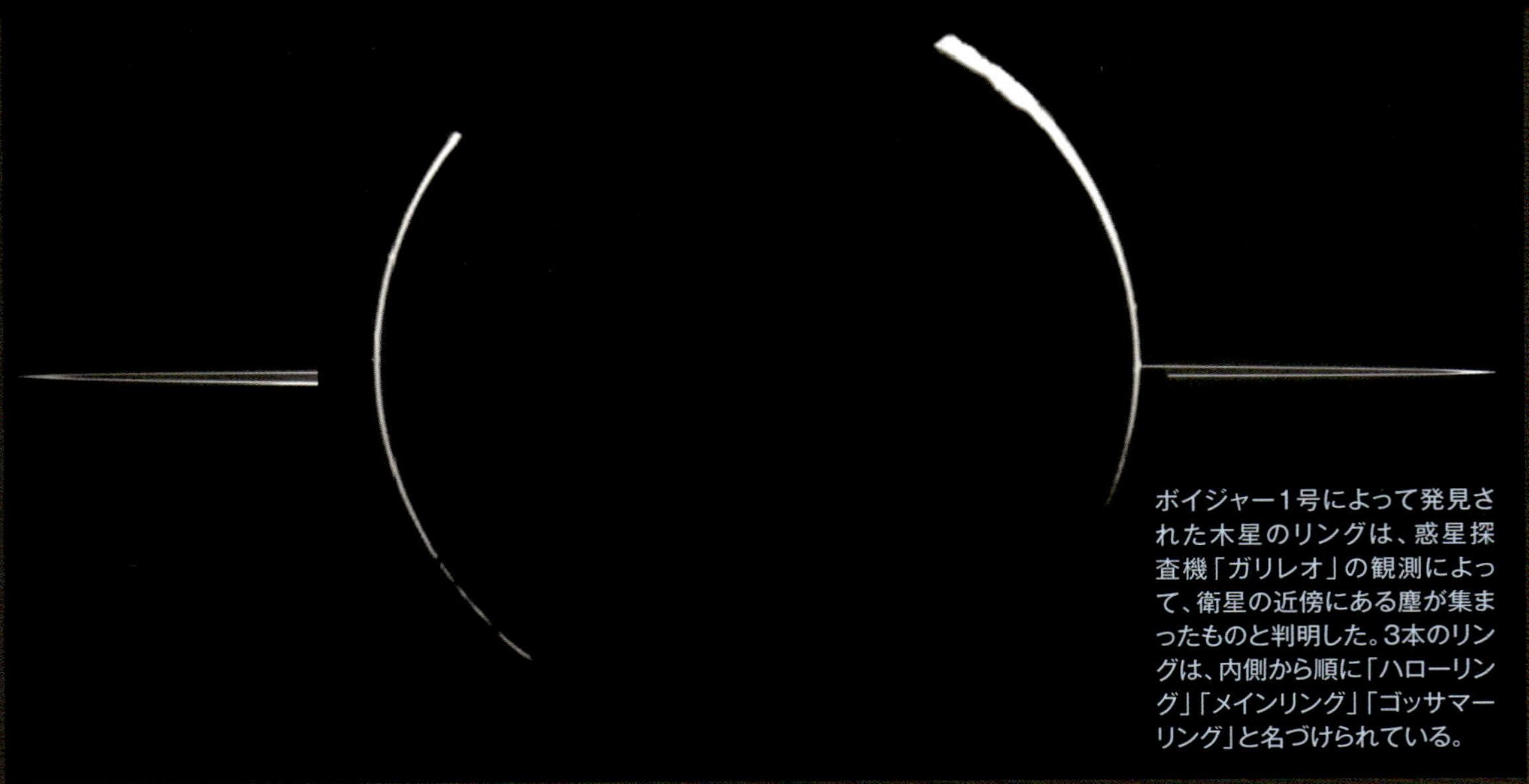

ボイジャー1号によって発見された木星のリングは、惑星探査機「ガリレオ」の観測によって、衛星の近傍にある塵が集まったものと判明した。3本のリングは、内側から順に「ハローリング」「メインリング」「ゴッサマーリング」と名づけられている。

木星の起源と進化の謎に挑む探査機「ジュノー」

木星のさまざまな謎を解明するために、NASAは2011年8月に木星探査機「ジュノー」を打ち上げた。計画通り2013年10月には地球スイングバイを実行、加速に成功した（スイングバイについては111ページのコラム参照）。順調に進めば、2016年7月には木星に到達する予定だ。

ジュノーは木星に到達した後、約15か月にわたって極軌道を周回し、木星コアの調査や木星磁場のマップ作成、大気中の水とアンモニアの測定、木星極地におけるオーロラの観測などのミッションを行う。ミッション終了は2017年10月を予定している。

木星の分厚い大気の下には、木星形成時の状態がそのまま残っているとする研究もあり、ジュノーの探査によって、木星が作られたプロセスだけでなく、太陽系の惑星が形成されたプロセスの解明にも期待が集まっている。

木星は太陽系でもっとも多くの衛星を持っているが、その中で、ガリレオ・ガリレイが発見した4つを「ガリレオ衛星」と呼ぶ。写真は大赤斑とガリレオ衛星の大きさを比較した合成写真で、上からイオ、エウロパ、ガニメデ、カリスト。

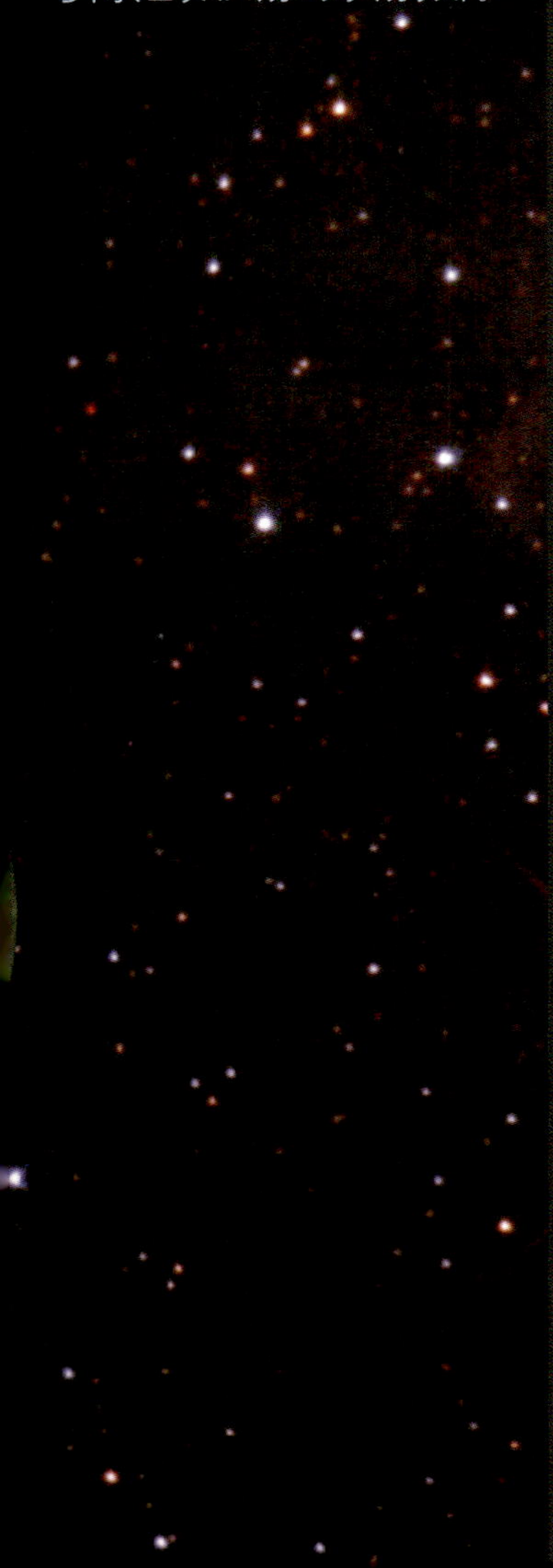

NASAのX線宇宙望遠鏡「チャンドラ」で撮影された木星のオーロラ。
このオーロラの観測もジュノーの探査ミッションのひとつである。

木星の北極付近上空を飛ぶ木星探査機「ジュノー」（イメージ図）。ジュノーは2016年7月に木星に到達する予定で、探査を終えたのちには木星の大気圏に突入、消滅することになる。生命の存在の可能性が考えられるエウロパなどに影響を及ぼさないための配慮だ。

衛星エウロパは厚い氷の層で覆われた天体だが、以前から氷の下には海があり、生命が育まれている可能性が指摘されてきた。2011年11月、NASAは「エウロパの表面から約3～5キロメートル下に、塩水で構成された巨大な湖が存在する可能性がある」と発表。もしこの湖が実在すれば、エウロパに生命が存在する可能性も高くなる。

土星

Saturn

美しいリングをまとう黄金の星

DATA

太陽からの平均距離：
14億2939万Km
赤道半径：6万268Km
体積（地球比）：764
質量（地球比）：95.16
密度：0.69g/cm^3
重力（地球比）：0.93
表面温度：−178℃
赤道傾斜角：26.7度
公転周期：
1万755.70日（29.447年）
自転周期：0.444日
衛星：65

土星を特徴づける幻想的なリング

土星を印象づけているのは、なんといっても美しいリング（環）の存在だろう。土星のリングの正体は、氷のかけらや岩石の塵といった小さな物体や粒子だ。土星の直径に比べるとリングの厚みは数十メートル程度と非常に薄く、厚い部分でも数百メートルしかない。リングの厚みは、外側から内側に向けて薄くなり、内側から2番目のリング（C環）の厚みはおよそ5メートルという薄さだ。

地球から見える土星は、15年周期で角度を変える。土星が真横を向く角度のときには、地球から土星のリングが見えなくなることがあり、２００９年には、地球からリングの消えた（見えなくなった）土星が観測されて話題に

土星を同心円状に囲む7つのリング。リングは発見された順に、内側からD環、C環、B環、A環、F環、G環、E環と呼ばれている。色の違いが見られるのは、リングを構成する物質の成分が異なるためだ。

土星探査機「カッシーニ」が撮影した土星の姿。ガス惑星であるため、木星と同様にガスの縞模様が生じている。土星は自転速度が速いことから、遠心力の影響で赤道付近が膨らみ、南北がややつぶれた形をしている。

なった。

そして、実際のリング自体も安定したものではなく、数万～数億年で散逸してしまうと考えられている。

NASAとESAが1997年に共同で打ち上げた土星探査機「カッシーニ」などによって観測が進んだ土星のリングだが、リングがどのようにして作られたかという点については諸説ある。

そのひとつは、太陽系が形成されたときと同じように、土星が誕生する際に、周囲にガスや塵のリングが形成され、「ロシュの限界」※の外側部分が土星の衛星になり、内側の部分がそのまま残ったという説だ。

リングの様子（イメージ図）。リングは主に極小の氷のかけらが集まってできたもので、探査機カッシーニの観測により、衝突と衛星の生成、破壊を繰り返していることがわかった。

また、別の説では、土星の重力に捕らわれた天体（衛星や小惑星）が、互いに衝突して細かいかけらになった、あるいはロシュの限界を超えたために破壊された、というものもある。現在のところ、どの説が正しいのかははっきりしていない。

長い間、リングを持つ惑星は土星だけと考えられてきたが、1977年に天王星のリングが見つかり、その後、木星や海王星にもリングの存在が確認されている。しかし、他の惑星のリングは、非常に細く見つけにくいもので、なぜ土星のリングだけがこれほど発達しているのか、その理由もまだ判明していない。

土星でも南北両極付近でオーロラが観測されている。写真は南極に発生したオーロラの様子。

※**ロシュの限界**：天体が主星の影響で破壊されずに近づける限界の距離のこと。「ロッシュ限界」ともいう。ロシュの限界より内側では、主星の潮汐力によって天体が破壊されてしまう。

土星は水に浮いてしまう?

土星は太陽系の中で、木星に次ぐ大きさの惑星だ。土星の英語名である「サターン(Saturn)」は、「悪魔(サタン)」ではなく、ローマ神話の「サトゥルヌス(Saturnus)」に由来する。サトゥルヌスは「土曜日(Saturday)」の語源ともなった農耕の神であるためか、欧米では土星に牧歌的なイメージを持つ人も多い。しかし、その大気成分の9割以上は水素でできており、木星同様に環境は過酷だ。

土星の中心には、鉄などからなる核(コア)があり、その周りに液体状の水素があると考えられている。水素が多いため、惑星全体の比重は太陽系の惑星の中でもっとも小さい(表1を参照)。もし太陽系の惑星をプールに入れたら、ほかの惑星が沈んでいく中で、土星だけが浮かんでしまうだろう。

個性的な性質を持つ土星の衛星たち

土星はたくさんの衛星を持っており、2013年現在で65個発見されている。

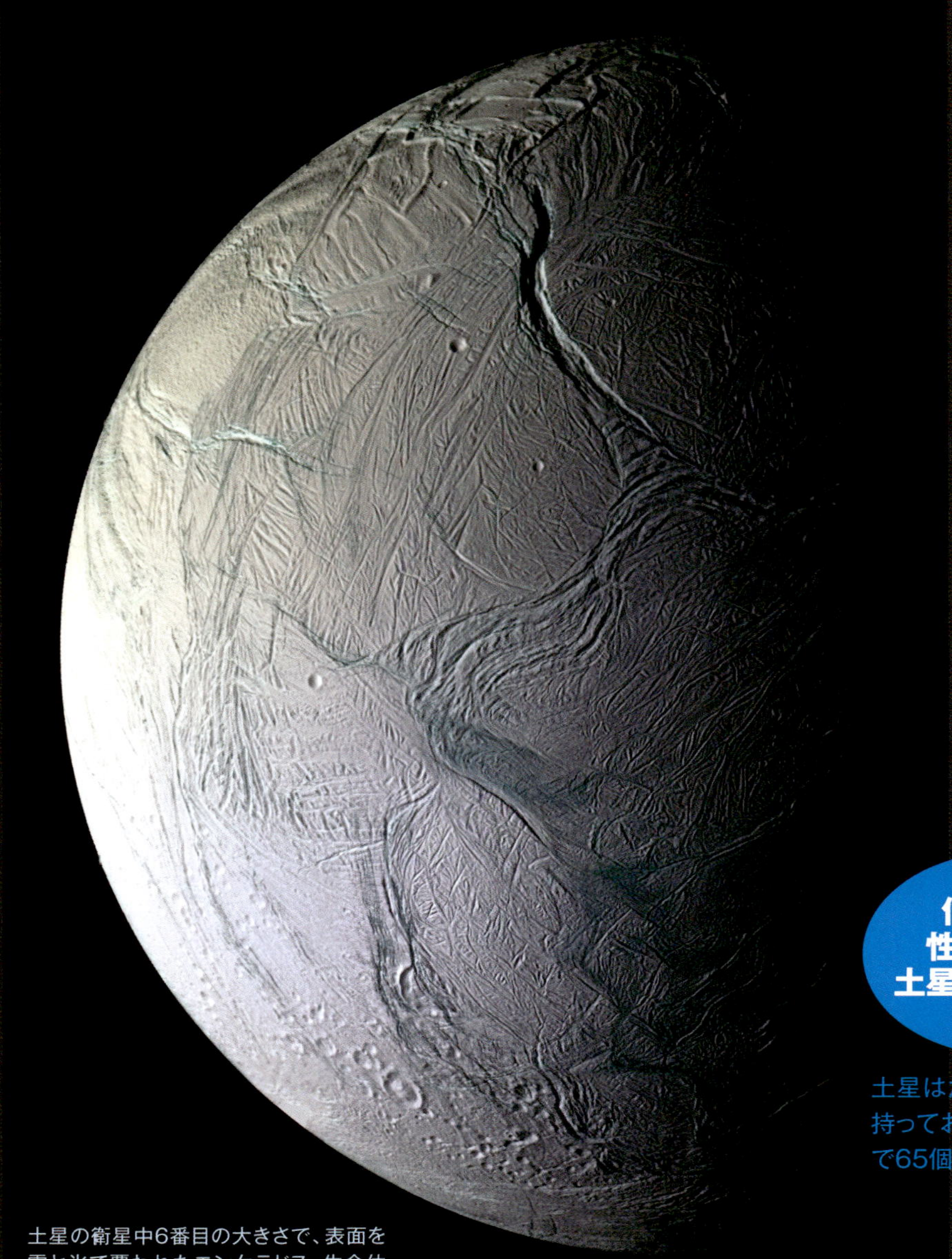

土星の衛星中6番目の大きさで、表面を雪と氷で覆われたエンケラドス。生命体の存在の可能性が高いと考えられている。

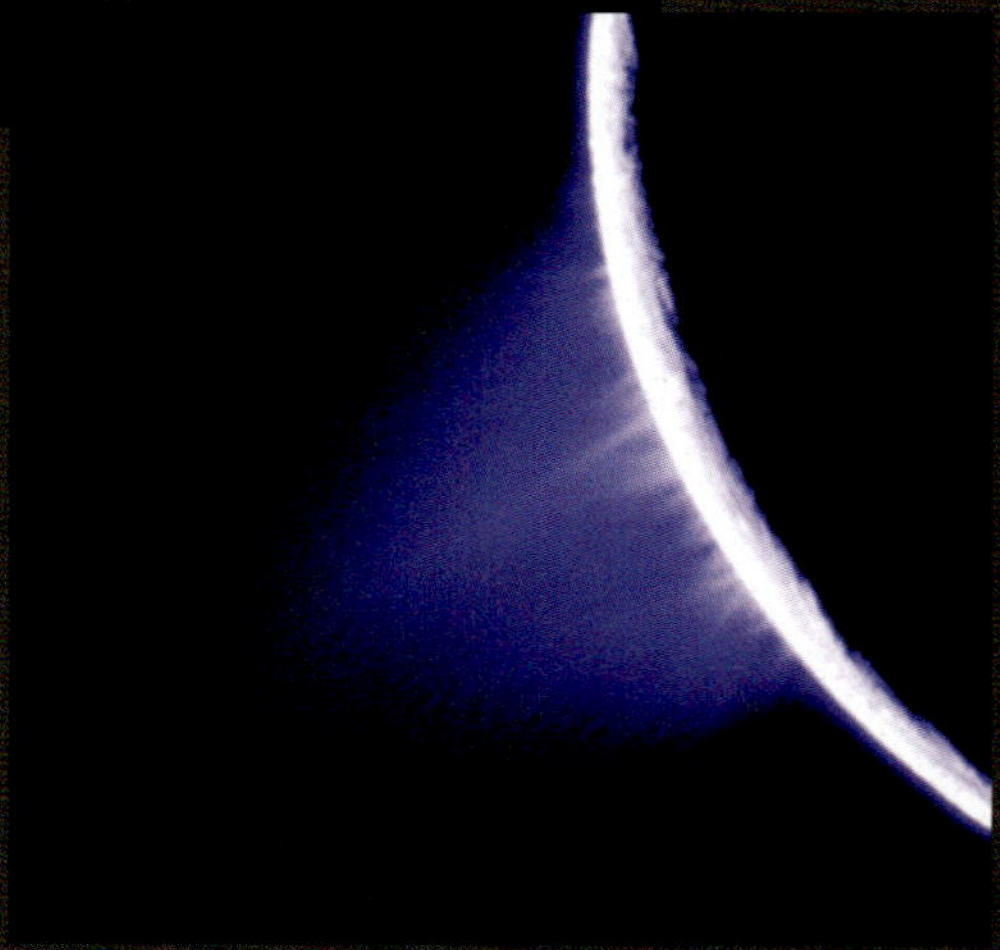

エンケラドスの南極付近から、水蒸気と氷粒子が間欠泉のように噴出する様子。この現象が確認されたことで、地表を覆う氷の下に海がある可能性が指摘されている。

衛星イアペタス。半面だけ黒っぽい物質が降り積もっており、白と黒に塗り分けられたように見える。

衛星ミマス。ひとつ目のような巨大なクレーターが特徴的だ。

(表1) **太陽系の惑星の密度**

惑星	およその比重 (g/cm^3)
水星	5.43
金星	5.24
地球	5.52
火星	3.93
木星	1.33
土星	0.69
天王星	1.27
海王星	1.64
冥王星	2.13

衛星タイタンへの着陸に成功した「ホイヘンス」

現在までに発見されている土星の衛星の数は65個で、木星の次に多くの衛星を持つ。土星でもっとも大きな衛星はタイタンで、太陽系の中では木星の衛星ガニメデに次ぐ大きさだ。また、太陽系内の衛星としては唯一、地球の1・6倍という濃い大気を持つ。木星の衛星エウロパと並び、生命の存在する可能性があると考えられている。

2005年、カッシーニに搭載されていた小型探査機「ホイヘンス・プローブ」がタイタンへの着陸に成功し、タイタンの大気や地表の様子を観測、貴重なデータの収集に成功した。その際、タイタンの風の音も収録し、地球に伝えている。

ホイヘンスの運用はすでに終了しているが、ホイヘンスが着陸した地点は、ヨーロッパの宇宙開発に多大な貢献を果たしたフランスの宇宙科学者天文学者にちなんで「ユベール・キュリアン・メモリアル・ステーション」と名づけられている。

土星の衛星で一番大きなタイタン。窒素やメタンなどからなる濃い大気に覆われているため、地表を直接観測することはできない。写真は紫外線と赤外線を合成した擬似カラーで、青く見えるのが厚い大気の層だ。

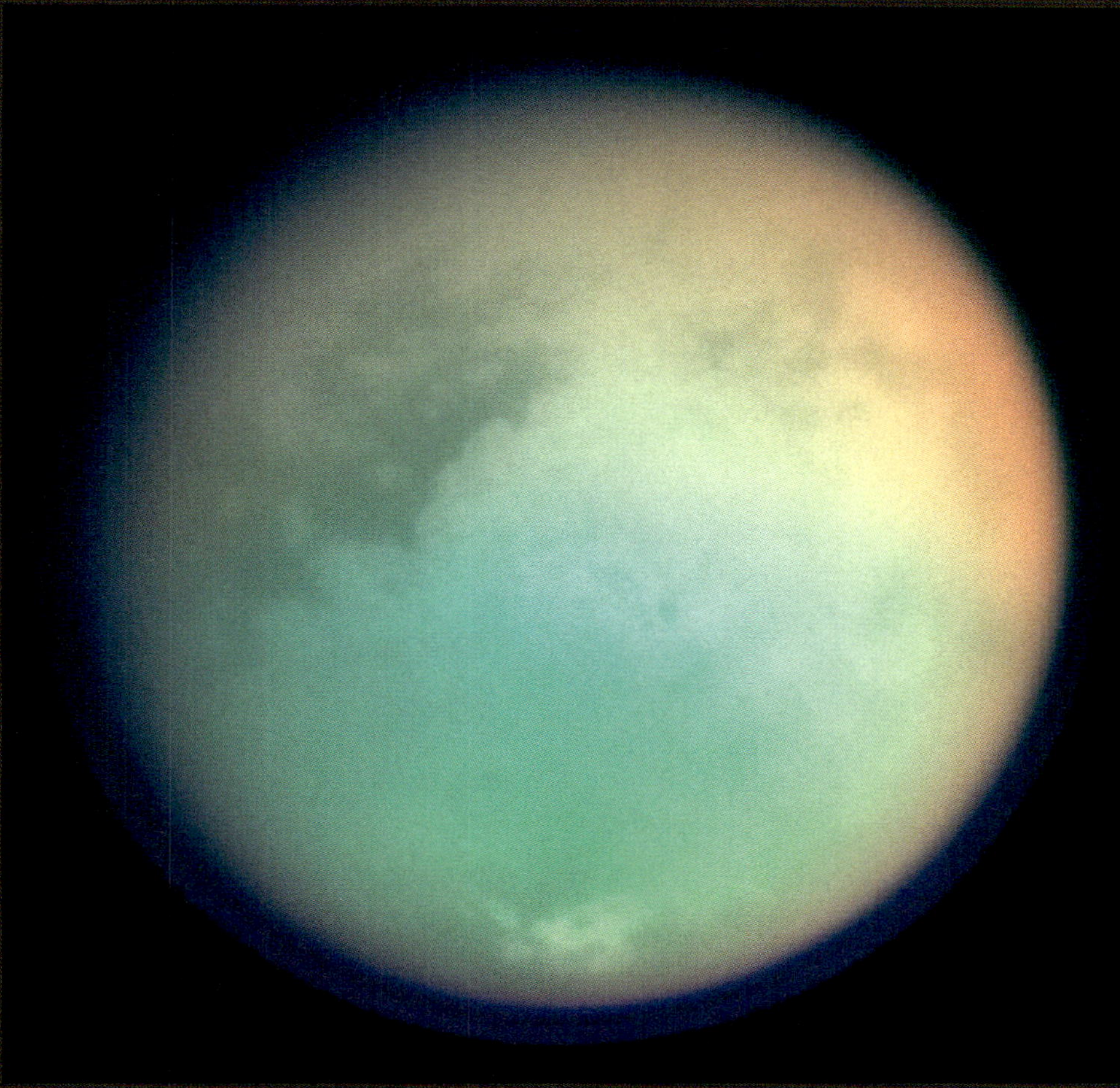

タイタンの地表の様子。写っているのは石か氷塊と見られる物体で、サイズは大きいものでも15センチメートル程度だ。

小型探査機「ホイヘンス・プローブ」がタイタンへ着陸した際のプロセス。ホイヘンスは着陸地点が海の場合も考慮して設計されたという。

タイタンへ降下中のホイヘンスが撮影した写真。1枚目はタイタンの大気層で、2〜4枚目は着陸地点周辺の地表の様子。タイタンには山や川、島などの地形があり、液体メタンの湖が点在することも判明している。

今後の探査が期待される遠い惑星

天王星と海王星

Uranus & Neptune

DATA

○海王星	○天王星
太陽からの平均距離：45億445万Km	太陽からの平均距離:28億7503万Km
赤道半径：2万4764Km	赤道半径：2万5559Km
体積（地球比）：58	体積（地球比）：63
質量（地球比）：17.15	質量（地球比）：14.54
密度：1.64g/cm^3	密度：1.27g/cm^3
重力（地球比）：1.11	重力（地球比）：0.89
表面温度：−214℃	表面温度：−216℃
赤道傾斜角：27.8度	赤道傾斜角：97.9度
公転周期：6万190.03日（164.7913年）	公転周期：3万687.15日（84.0168年）
自転周期：0.671日	自転周期：0.718日
衛星：14	衛星：27

メタンによって青く光る天王星型惑星

太陽系第7番惑星の天王星と第8番惑星の海王星は、大きさと位置から、かつては「木星型惑星」に分類されていた。だが、NASAの惑星探査機「ボイジャー2号」の観測によって、従来考えられていた以上に多くの水やメタンが存在するとわかり、新たに「天王星型惑星」に分類された（惑星の分類については6ページ参照）。

また、天王星と海王星は「巨大氷惑星」とも呼ばれる。それは両星が、岩や氷でできた中心核を、水やアンモニア、メタンなどの氷からなるマントル層が包んでいる構造だからだ。天王星も海王星も太陽から遠く離れているために、惑星表面は極低温となり、アンモニアも凍結してしまうのである。

天王星も海王星も青みがかった星に見えるのは、地球のように海が存在するからではなく、大気中のメタンが赤い色を吸収してしまうためだ。ただし、色がときどき変化するため、どちらの惑星にも季節があると推測される。

横倒しで自転する天王星の謎

天王星も海王星も地球から距離があ

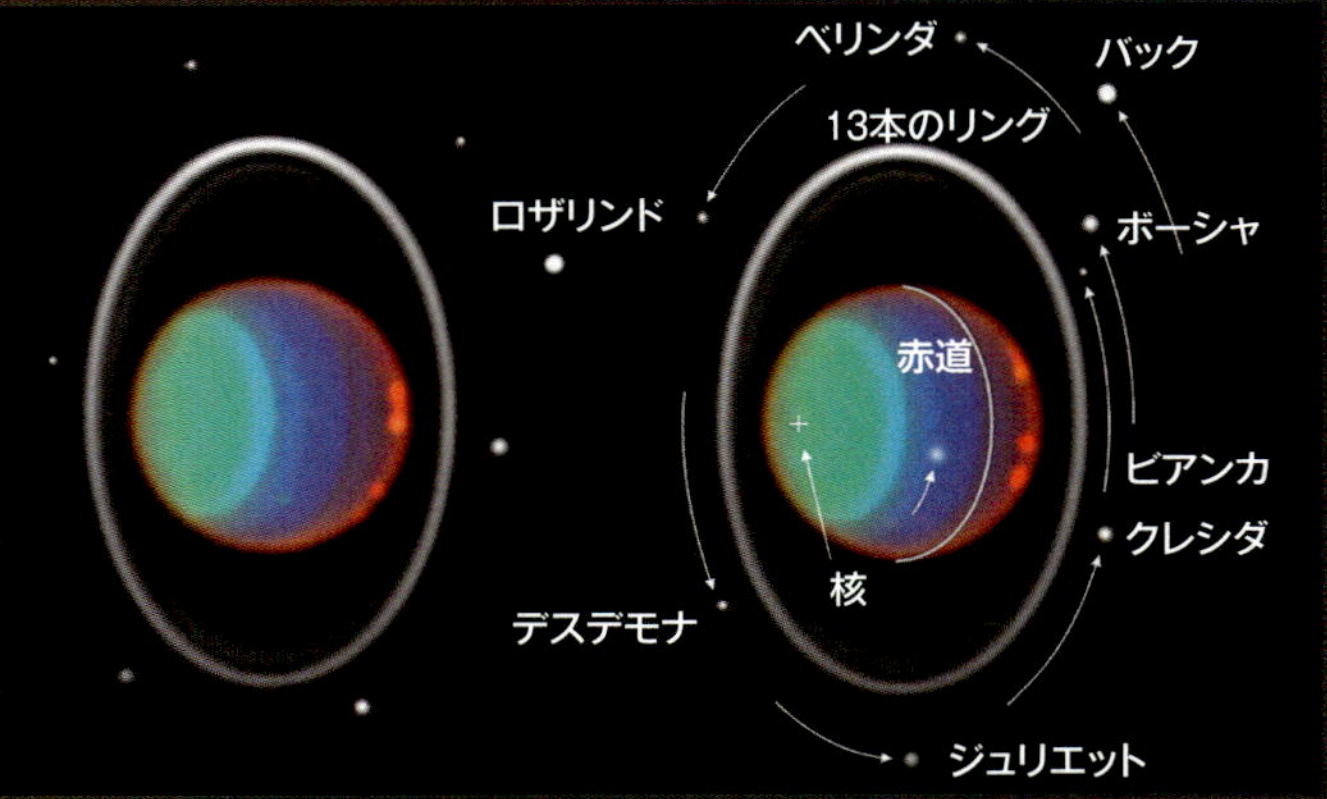

天王星のリングと衛星。木星や土星と同様に、天王星も13本のリングと多くの衛星を持っている。

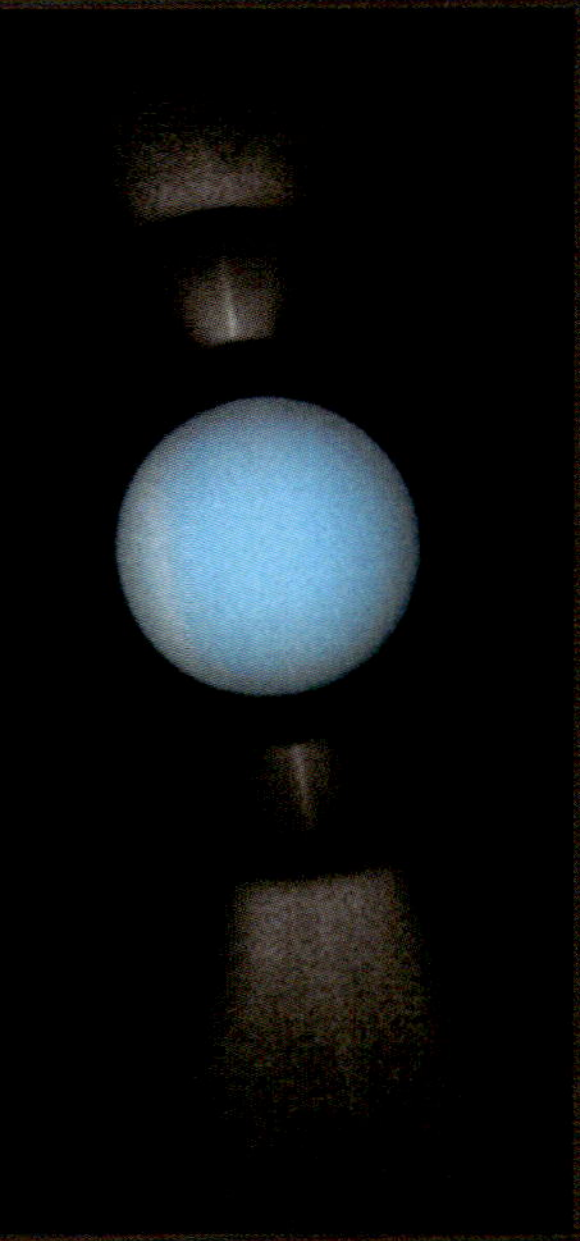

天王星のリングが、地球から見て真横になった様子。上下にトゲのように見える光がリングで、42年ごとに起こるめずらしい現象だ。

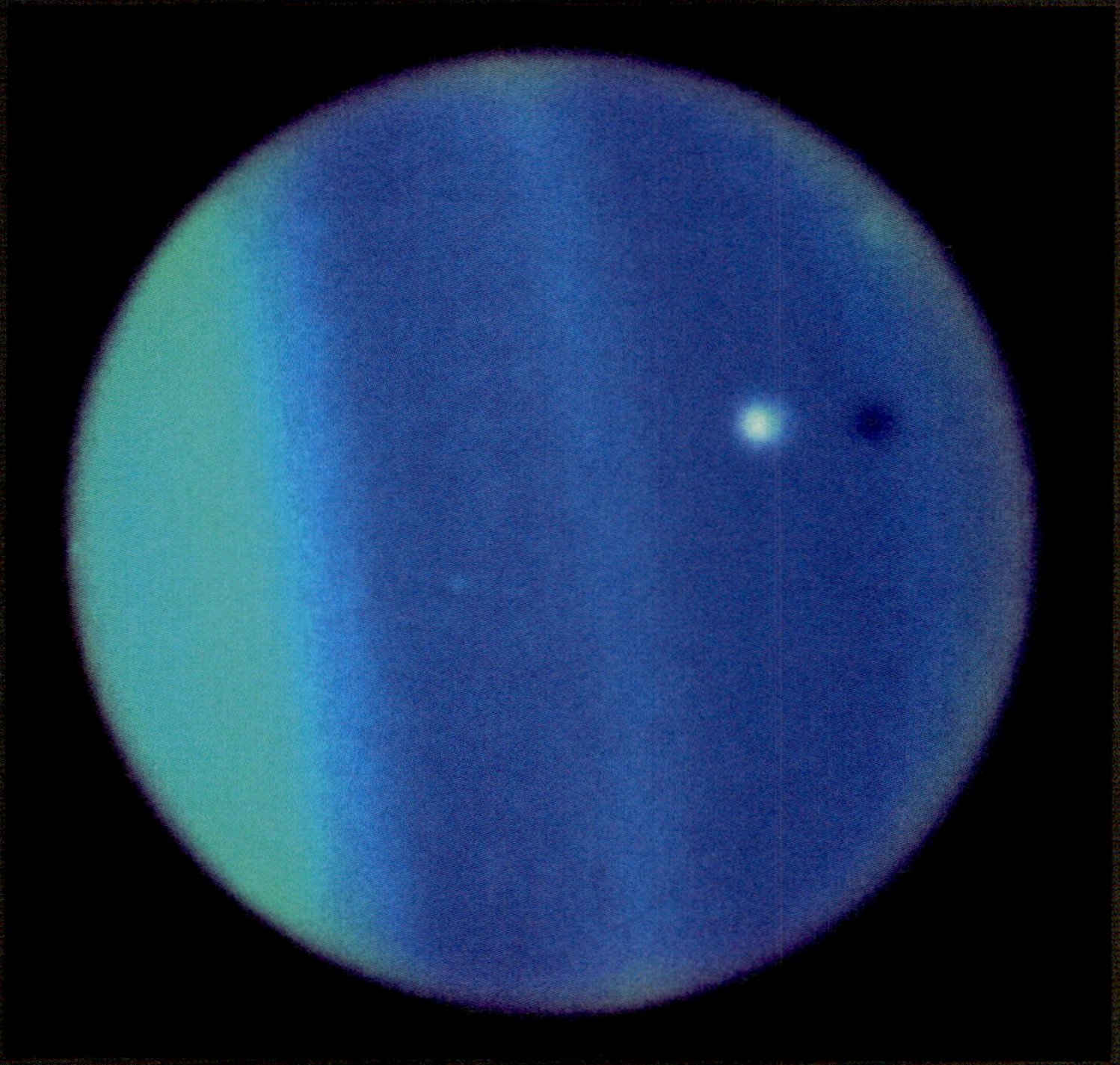

「ハッブル宇宙望遠鏡」が捉えた天王星。大気による縞が縦方向になっている様子から、自転軸が横倒し状態になっていることがわかる。中央右寄りに小さく写っているのは衛星アリエル。

メタンの影響で青緑色に見える天王星。木星や土星のようにはっきりとはしていないものの、天王星の表面にも縞模様が確認されている。

り、他の太陽系の惑星に比べると、まだそれほど詳細なことはわかっていない。これまでに判明していることの中で興味深いのは、天王星の大きな特徴でもある自転軸の傾きだ。天王星の自転軸は、黄道面に対して約98度とほぼ水平に近く傾いており、いわば横倒しになったままグルグルと太陽の周りを回っている状態なのだ。

金星の自転軸も約177度と極端に傾いている（18ページ参照）。両者の自転軸がこれほど他の惑星と異なっているのは、惑星が形成されていく過程で、微惑星などの比較的大きな天体と衝突し、自転軸がずれたのではないかと考えられているが、まだ仮説の域を出ない。

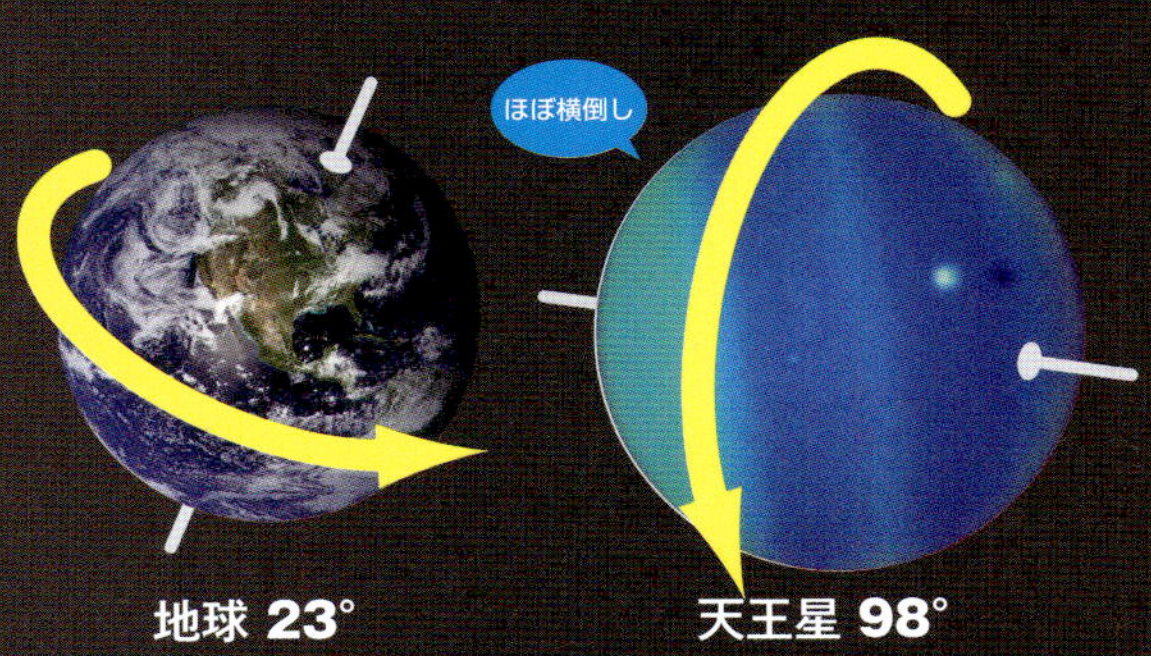

天王星と地球の赤道傾斜角と自転方向の違い

太陽系の惑星の中で、金星と同じく、天王星も他の惑星とは自転軸の傾きが大きく異なる。地球の自転軸が約23度であるのに対して、天王星の自転軸は約98度とほぼ横倒しの状態で自転しているのだ。

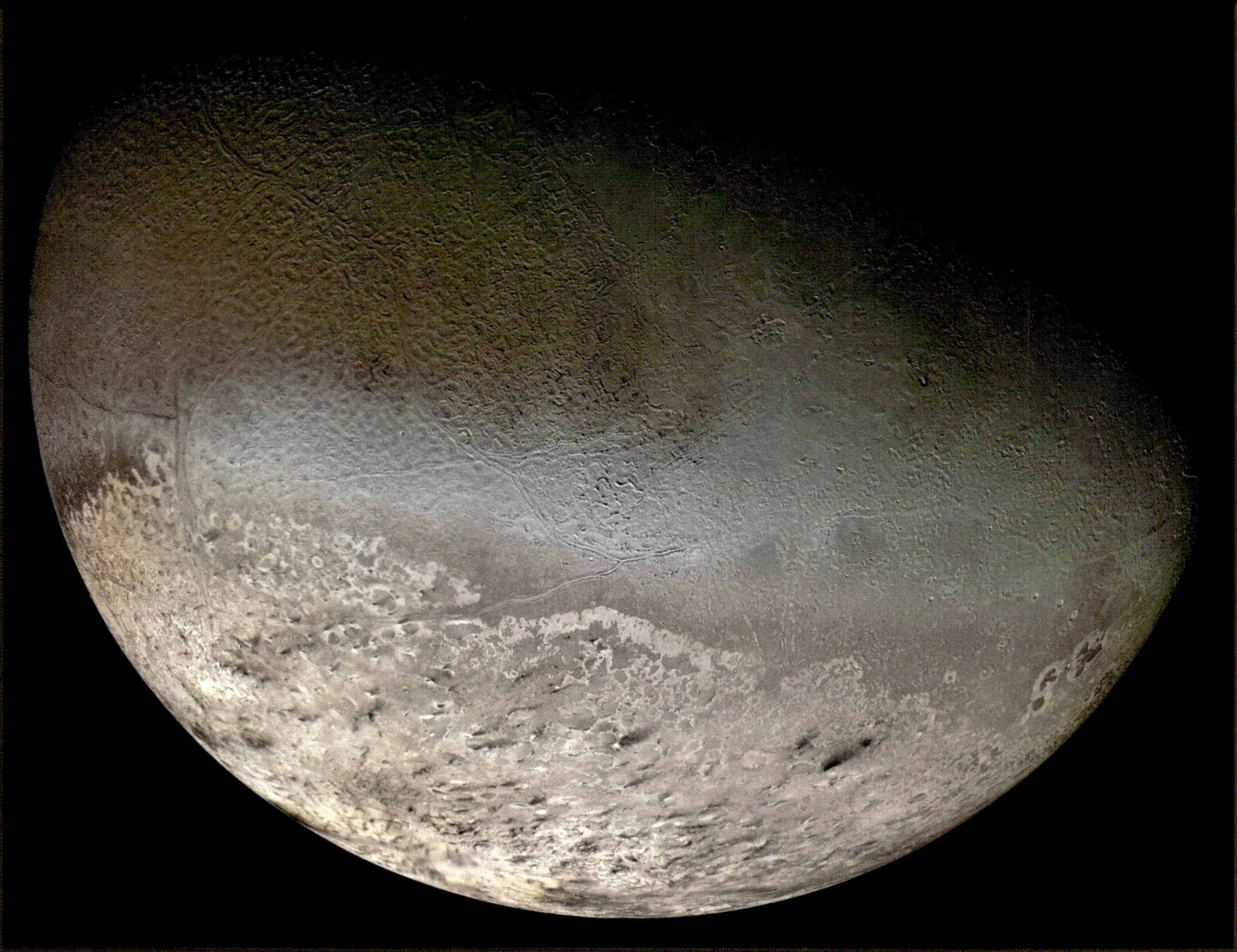

海王星最大の衛星トリトン。液体窒素や液体メタンを噴出する火山があり、現在も火山活動が観測されている。天体の表面に見える黒い筋状の模様は火山活動の痕跡だと考えられているが、正体はわかっていない。

海王星の表面を横切る帯状の白い雲。海王星では、東西方向に秒速400キロメートルもの強風が吹き荒れている。

また、自転軸の傾きのため、天王星の極地は日照量が多いはずなのだが、奇妙なことに赤道部分のほうが極地よりも温度が高い。これもまた未解明の謎である。

逆方向に公転する衛星トリトン

太陽系の惑星の中で一番外側に位置する海王星は、地球から肉眼で見ることができないほど暗く、その存在は純粋な観測結果からではなく、軌道の計算から導き出されたものだ。ただし、過去にはもっと内側の軌道を移動していたのではないか、という考えもある。

ボイジャー2号は、海王星の南半球に「大暗斑《だいあんはん》」と呼ばれる巨大な渦を発見したが、その後「ハッブル宇宙望遠鏡」で観測したところ、大暗斑は消失していた。渦が作られた原因や消えた理由は不明だが、海王星の気候がダイナミックに変化するものであることと関係があると考えられる。

天王星も海王星も、それぞれリング（環）と衛星を持っている。中でも海王星の衛星トリトンは、太陽系の逆行衛星の中でもっとも大きいことで知られる。逆行衛星とは、通常の衛星のように惑星の自転

惑星探査機「ボイジャー2号」が捉えた海王星の姿。天王星よりもメタンの濃度が濃いため、より深い青色に見える。中央付近に暗く見える部分は「大暗斑」と呼ばれ、木星の大赤斑と同じように巨大なハリケーンの渦と考えられている。

方向に公転するのではなく、逆方向に公転する衛星のことで、木星や土星の衛星にも逆行するものがある。

トリトンは少しずつ海王星に近づいており、およそ1億年後には海王星の巨大な重力によって崩壊してしまうと考えられている。

残念なことに、現在のところ天王星と海王星の新たな探査は計画されていない。両者の詳細が判明するのは、もう少し先のことになるだろう。

海王星の細いリング。海王星には現在5本のリングが確認されている。

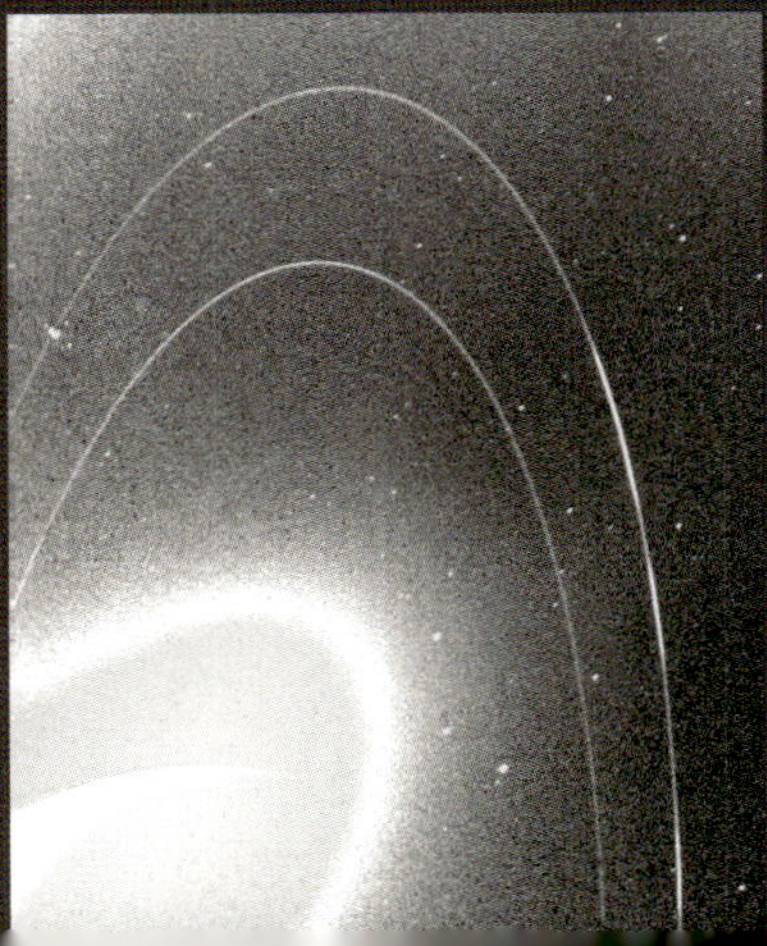

大暗斑の部分。周囲にメタンが凍ってできたと思われる白い雲が見える。

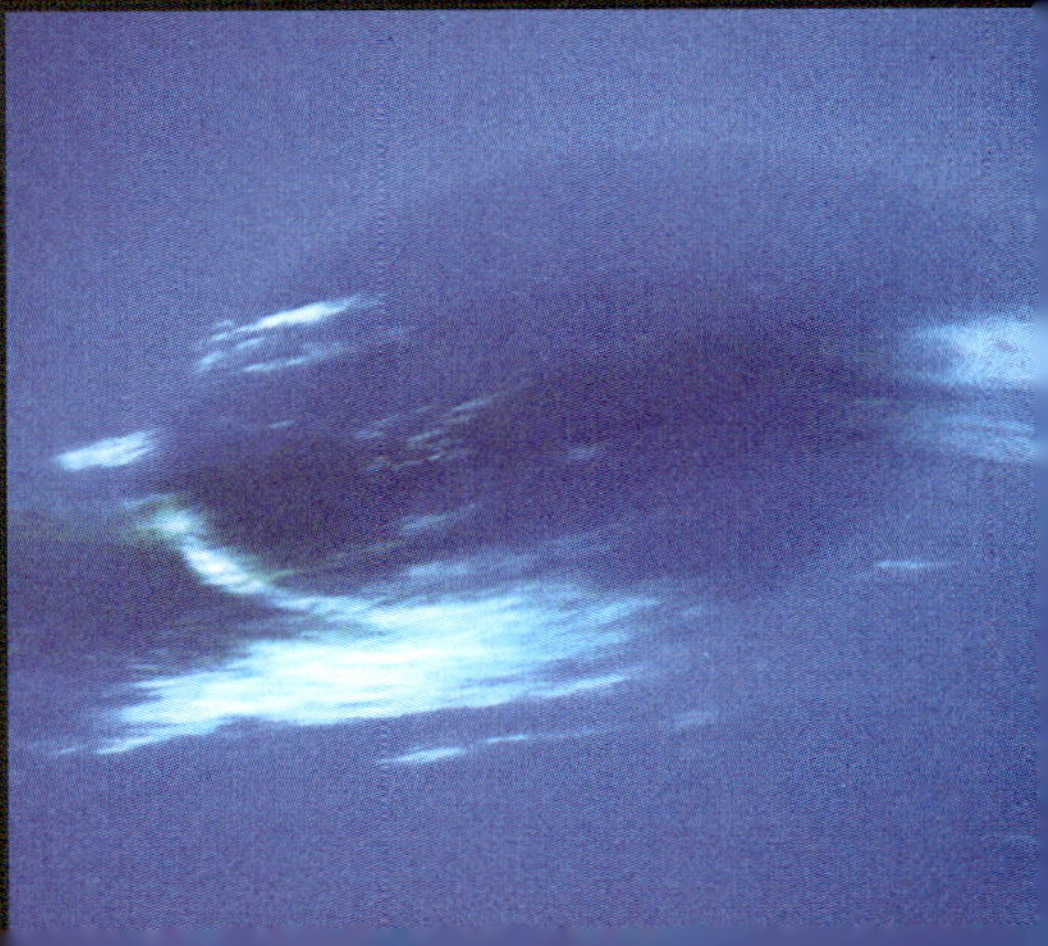

新たな天体グループとその外側の世界

冥王星と太陽系外縁天体

Trans-Neptunian object

「惑星」から「準惑星」となった冥王星

冥王星は、1930年の発見当時から「奇妙な惑星」と呼ばれていた。その軌道は大きな楕円を描き、一部は海王星軌道の内側に入り込んでいるだけでなく、その軌道面が黄道面から17度と、他の惑星に比べて大きく傾いていたからだ。また、大きさも地球の約6分の1しかなく、地球の衛星である月よりも小さい。

冥王星にもいくつかの衛星があるが、そのうちのひとつであるカロンは、冥王星の約半分の大きさがあるうえに、2万キロメートルという非常に近い軌道を回っている。そのため、冥王星とカロンを合わせて「二重天体」と呼ぶこともある。

それまで太陽系第9番惑星として認められてきた冥王星だったが、1990年代に入ると、太陽系外縁部に冥王星と同等、あるいは冥王星よりも大きな天体が次々と発見されるようになった。そのため、冥王星を惑星とするかどうかの議論が持ち上

冥王星（中央）とその衛星カロン（右下）。冥王星の半径は1195キロメートルで、カロンは半径約600キロメートルとその半分近い大きさだ。

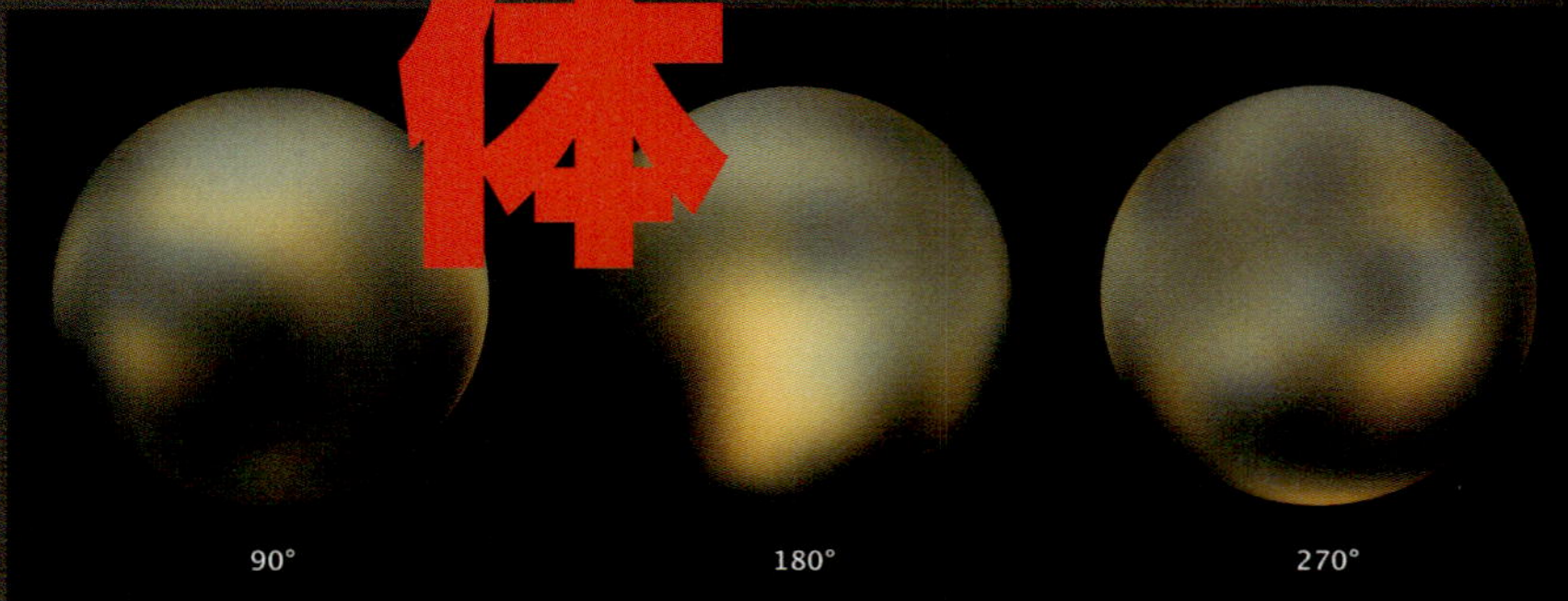

2002年から2003年にかけての冥王星表面の変化。もしかすると冥王星は氷や岩の塊ではなく、ダイナミックな季節の変化を持つ天体なのかもしれない。

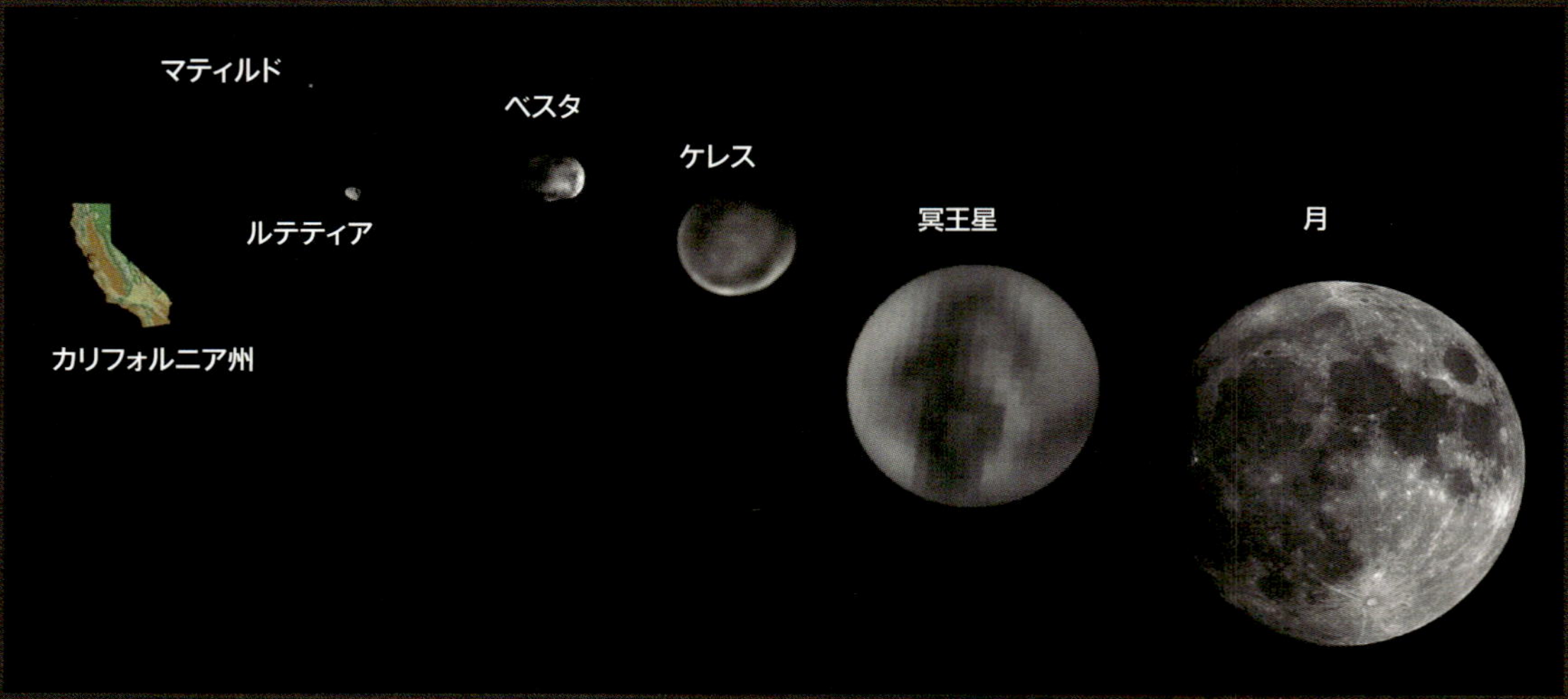

月と準惑星、小惑星のサイズの比較。冥王星は発見当時、地球よりも大きいと考えられていたが、実際には地球の約6分の1しかなく、月よりも小さい天体だった。

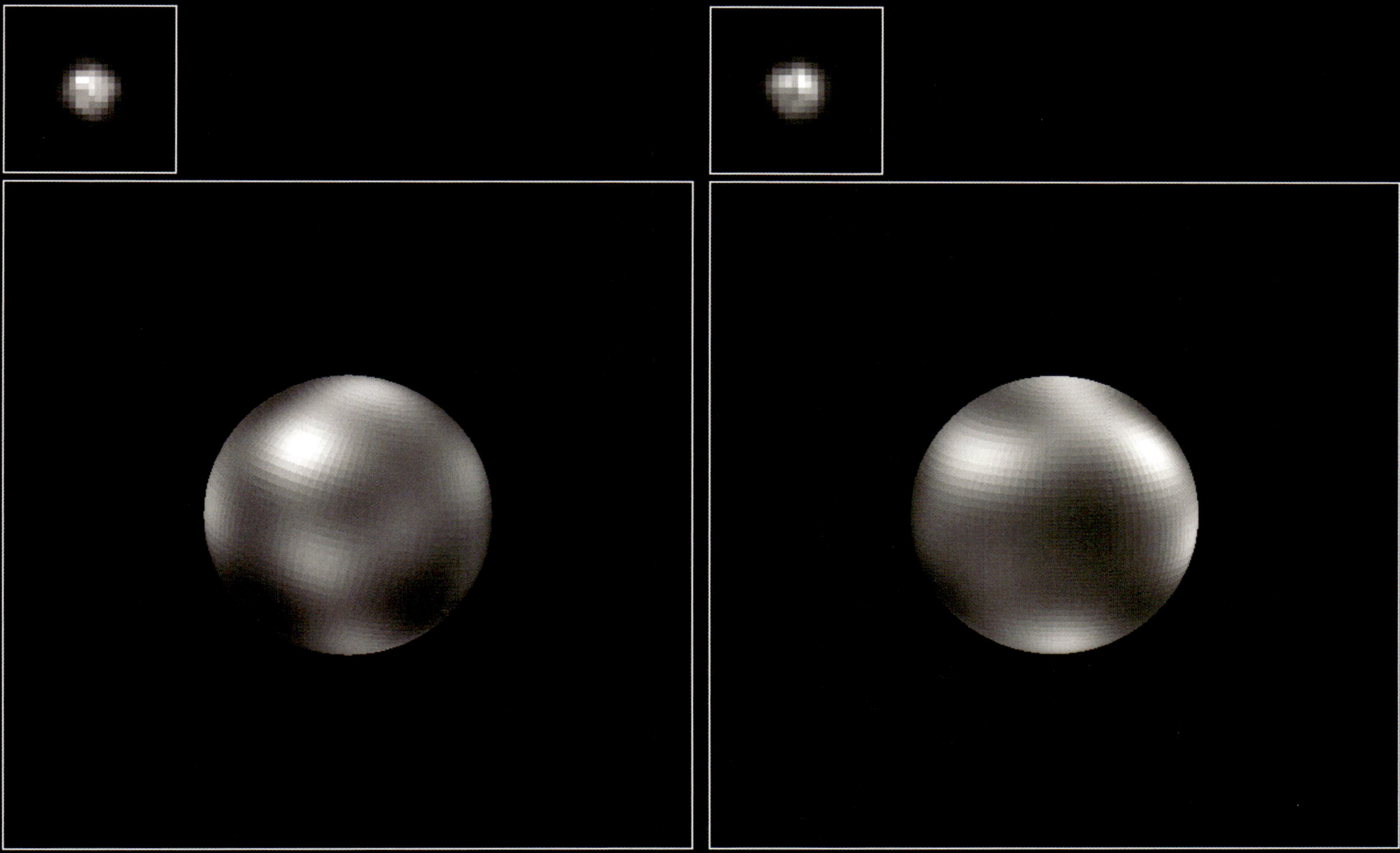

「ハッブル宇宙望遠鏡」が捉えた冥王星。2枚の写真で全球となるイメージだ。場所によって反射率が異なるが、表面物質の違いによるものと考えられている。

がるようになる。その結果、2006年8月の国際天文学連合（IAU）の総会で、冥王星は惑星ではなく「準惑星」に分類されることが決まった。

しかし、75年間も親しまれた冥王星が惑星でなくなることに反対し、「冥王星を惑星のままにしておくべきだ」という、いわば冥王星復権運動が、アメリカを中心としていまだに根強く続いている。というのも、冥王星は太陽系内惑星の中で、唯一アメリカが発見し、命名した天体だからだ。

こうした動きを受けてかどうかはわからないが、IAUは2008年に、「太陽系外縁天体で、かつ準惑星」の分類名として、「冥王星型天体」を使用することとした。惑星ではなくなったが、分類名として残したのだ。

現在、冥王星型天体として分類されている天体は、冥王星のほかにエリス、マケマケ、ハウメアがある。これら4つの天体は、太陽系外縁天体の一部だ。

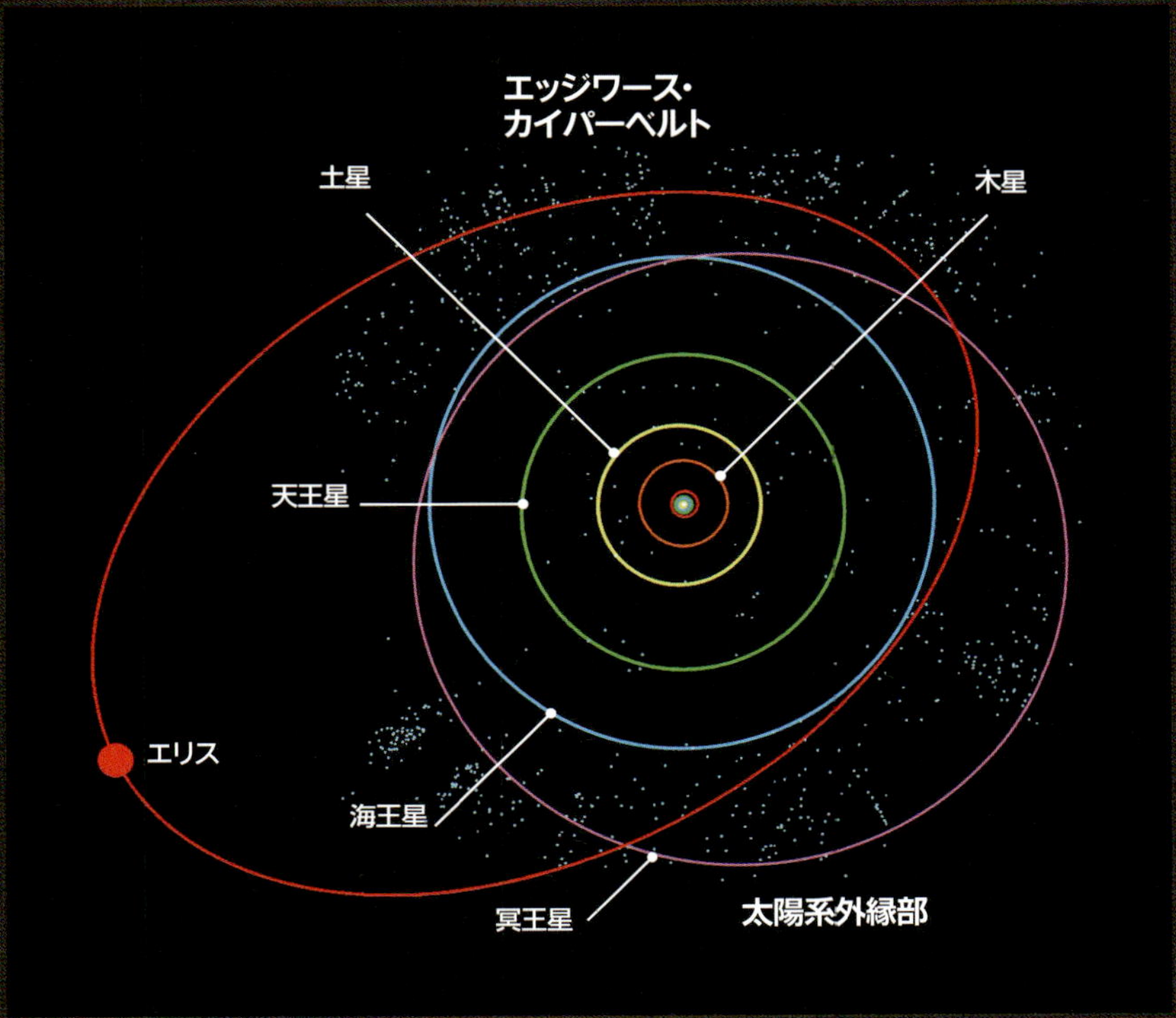

冥王星の軌道図。太陽系の8つの惑星とは、軌道の形も角度も大きく異なる。

次々と発見される太陽系外縁天体

太陽系外縁天体とは、海王星軌道の外側を周回する天体で、「エッジワース・カイパーベルト」（単に「カイパー

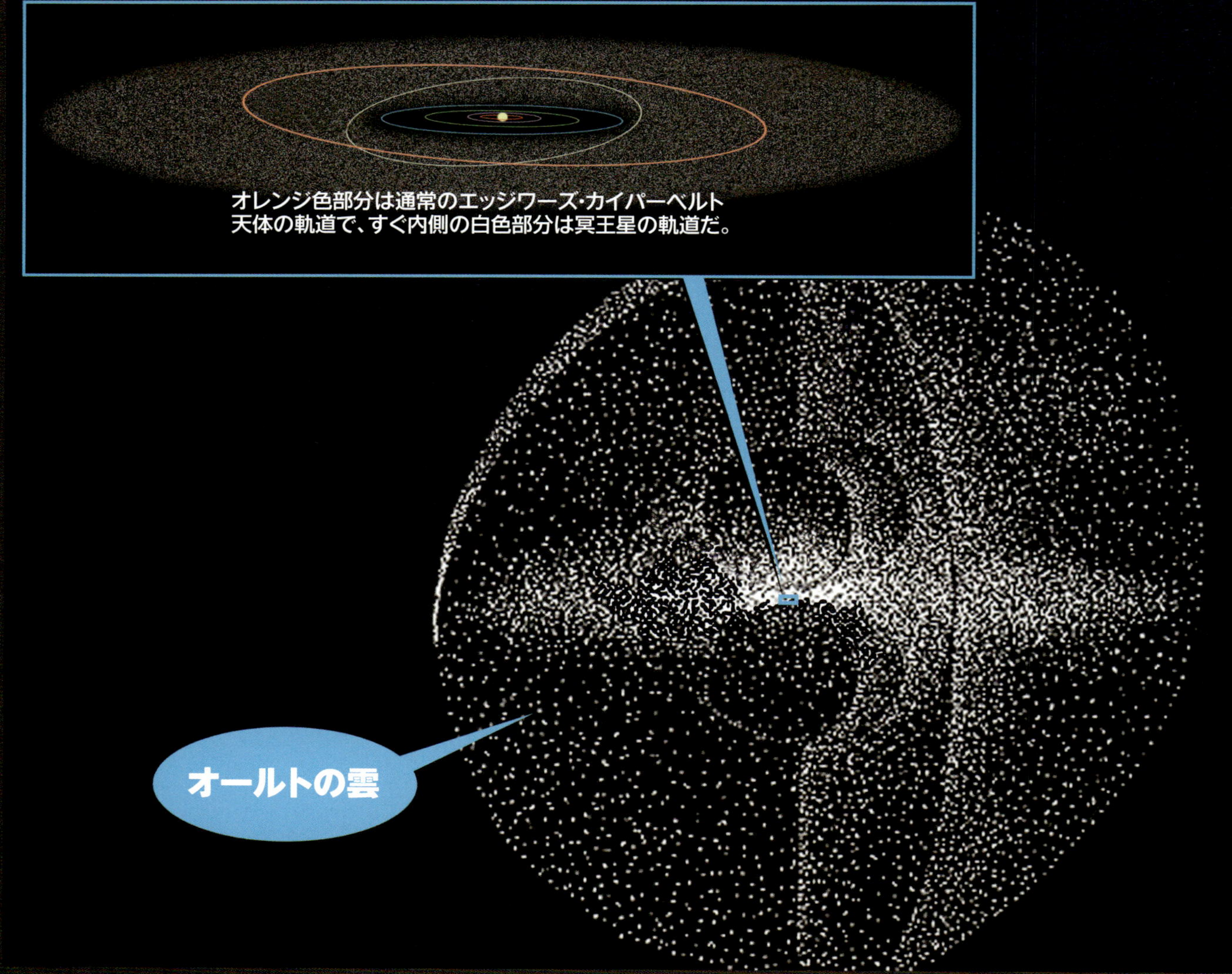

「オールトの雲」のイメージ図。太陽系は、この無数の天体が作る雲に囲まれていると推測されている。

ベルト」と呼ばれることもある）や、その先にある「オールトの雲」に属している天体の総称だ。現在、1000を超える太陽系外縁天体が発見されており、その数は今も増えつづけている。

エッジワース・カイパーベルトは、アメリカの天文学者カイパーが1951年に発表した論文と、アイルランドの天文学者エッジワースが1943年と1949年に発表した論文により、その存在が予測されていた小天体の集まりだ。エッジワースは、海王星軌道よりも外側に「彗星の巣」のような領域があり、そこから太陽の重力に捕捉された天体が彗星になるのではないかと考えた。

現在では、200年以下の短周期彗星はエッジワース・カイパーベルトから、それ以上の長い周期を持つ彗星はオールトの雲からやってくるものと推測されている。

オールトの雲（あるいは「オールト雲」）とは、オランダの天文学者オールトが1950年代に発表した論文において言及した領域のことで、太陽から数百〜数万AU離れた場所に、太陽系をすっぽりと包む形で存在すると考えられている。ただし、その存在自体はまだ確認されていない。また、オールトの雲には木星よりも大きな天体が存在し、それが新しい太陽系第9番惑星だと主張する説もある。

現在判明している主な「エッジワース・カイパーベルト天体」と関連天体。このうち、エリス、マケマケ、ハウメアは冥王星とともに「冥王星型天体」に分類されている。

地球を出発し 10年もの長い探査の旅へ

2006年1月、NASAの惑星探査機「ニュー・ホライズンズ」が打ち上げられた。冥王星と衛星カロンの探査が目的で、冥王星には最大で9600キロメートル、カロンには2万7000キロメートルまで接近する。

観測ミッションの終了後、もしミッションが延長されれば、冥王星よりも遠くにあるエッジワース・カイパーベルトへ向かい、カイパーベルト天体の観測も行う。

ニュー・ホライズンズは、2015年7月に冥王星付近に到着し、観測を始める予定だ。観測がうまくいけば、太陽系外縁部について、多くの情報をもたらしてくれることだろう。

彗星はエッジワース・カイパーベルトやオールトの雲など、「彗星の巣」のようなところからやってくると考えられている。

エッジワース・カイパーベルトへ向かう惑星探査機「ニュー・ホライズンズ」（イメージ図）。最初の観測目標である冥王星には、2015年7月に到達する予定だ。

2006年1月、ニュー・ホライズンズの打ち上げの様子。打ち上げ直後、同機の対地速度（地面に対する速度）は歴代の探査機中もっとも速い速度となった。

NASAが作成したニュー・ホライズンズのミッション工程図。冥王星とエッジワース・カイパーベルトを観測し、いずれは太陽系を脱出する計画だ。地球から冥王星まではおよそ48億キロで、目的地へ到着するまでに10年を要する長い旅である。

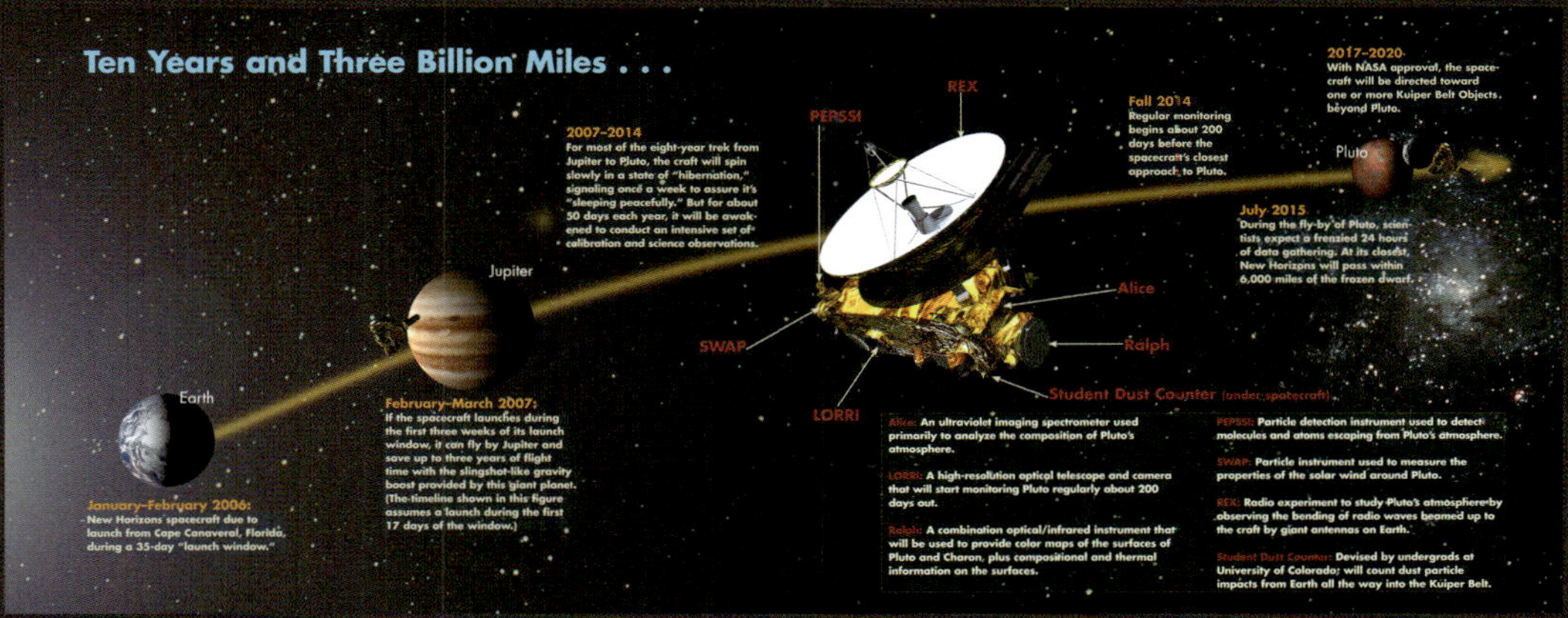

星雲 Nebula

星が生まれては消える神秘の空間

宇宙が生んだ神秘的な芸術作品

まるで絵画か、緻密なコンピュータグラフィックスのような美しさ——。NASAの「ハッブル宇宙望遠鏡」は、ため息がでるほど見事な「星雲」の姿を数多く撮影している。

観測装置の精度が十分でなかったころは、遠い宇宙の姿をはっきりと見ることはできず、星雲も「星団」や「銀河」と同じものと考えられていた（銀河については52ページ参照）。たとえば、その形が特徴的なことで知られる馬頭

オリオン座の方向約1500光年の距離にある馬頭星雲（IC434）。「暗黒星雲」の代表格として有名で、馬の頭に似た形から名づけられた。

「ハッブル宇宙望遠鏡」が近赤外線で撮影した馬頭星雲の様子。星が発する強力な紫外線が少しずつ星雲を散失させているため、500万年後には星雲そのものが消えてしまうと考えられている。

ハッブル宇宙望遠鏡は24年以上の運用期間の中で、膨大な数の写真を撮影してきた。ハッブルが捉えた宇宙の想像を超える美しさには驚かされるばかりである。写真はりゅうこつ座にあるイータカリーナ星雲（NGC3372）の姿を捉えたもので、色の補正を行った合成画像だ。もうもうと立ちのぼるガスや塵の柱の高さはおよそ3光年に及ぶといい、「ミスティックマウンテン（神秘の山）」と名づけられた。

地球から17万光年の位置にあるかじき座30番星で、星団同士が衝突している様子を捉えた写真。恒星5万2000個の大きな星団と、恒星1万個の小さな星団がぶつかって合体しつつあるところで、合体は300万年ほど進行すると見られている。

星雲は、1990年代に撮影された画像では、馬の頭に似た形がわかる程度だった。しかし、ハッブル宇宙望遠鏡が撮影した画像では、驚くほど立体的に見えるようになったのだ。

そんな星雲の正体は、宇宙空間に漂う塵や星間ガスがさまざまな形に集まったもので、「星間分子雲」とも呼ばれる。

また、星雲は新たな恒星が誕生する場所でもある。塵や星間ガスが重力によって凝縮していくと、恒星の前段階である「原始星」が生まれる。恒星はひとつずつ生まれるのではなく、同じ領域の中で数十から数百の恒星がいっきに誕生するのだ。こうした若い恒星の集団を星団と呼ぶ。

光り輝く散光星雲と光を通さぬ暗黒星雲

星雲は「散光星雲」と「暗黒星雲」のふたつに分けられる。散光星雲は可視光で観測できる星雲で、さらに自ら発光している「輝線《きせん》星雲」と、近くにある恒星に照らされて光る「反射星雲」に分類される。恒星が終焉を迎えるときに起こる超新星爆発の残骸も、輝線星雲として扱われることがある。

一方、暗黒星雲は可視光を発していない星雲で、星間ガスなどによって背景の星や銀河の光を吸収してしまう。自らは光を発しないため、背後の恒星などによって照らされることで、初めてその形が浮かび上がる。つまり、背後に光源のない暗黒星雲は発見することができないのだ。何らかの天体現象によって、暗黒星雲の内部や近傍で恒星が誕生すれば、暗黒星雲が散光星雲へ変化するかもしれない。

あのヒーローの故郷M78星雲は実在する！

日本を代表する特撮作品『ウルトラマン』では、ウルトラマンの故郷「光の国」はM78星雲にある、という設定になっている。もちろんウルトラマンはフィクションだが、M78星雲自体はオリオン座付近に実在する散光星雲だ。この「M78」とは何を意味する番号なのだろうか？

18世紀のフランスの天文学者シャルル・メシエは、彗星を発見するため、彗星と見間違えやすい星雲や星団のカタログを作成した。このカタログは「メシエカタログ」と呼ばれ、これに記載されている天体を「メシエ天体」という。

カタログの中で、それぞれの星雲や星団に固有の番号がふられており、その頭にはメシエの頭文字（M）がつけられている。たとえば、かに星雲はM1、プレアデス星団はM45として記載されている。つまり、M78とはメシエカタログで78番目に登録された星雲ということになるわけだ。

いて座にある三裂星雲（M20／NGC6514）。星雲が3つに裂けているように見えることからその名がついている。青い部分は「反射星雲」、ピンクの部分は「輝線星雲」と異なる性質を持っている。

ところが、メシエカタログはフランスで作成されたために、南半球からしか見えない天体は記載されていない。そのうえ誤記もあったため、現在では、メシエカタログを元にした「ニュー・ジェネラル・カタログ（NGC）」や、さらに精度を上げた「Revised NGC（RNGC）」「インデックスカタログ（IC）」が銀河や星雲の分類として使われている。

へび座のわし星雲（M16／NGC6611）の中心部にある、「創造の柱」と呼ばれる暗黒星雲。わし星雲自体は「散光星雲」だが、内部には創造の柱をはじめ、特徴的な暗黒星雲が存在する。

おうし座のかに星雲（M1／NGC1952）。1054年に超新星爆発を起こした残骸で、その様子は世界中で観測され、中国や日本でも記録に残されている。現在でも膨張を続けており、刻々とその姿を変えている。

銀河 Galaxy

少しずつ解明が進む星の集合体

銀河系の隣に位置するアンドロメダ銀河（M31）。肉眼でも確認できるほどの明るさを持つ。

エリダヌス座のNGC1300。渦巻銀河と同じ特徴が見られるが、中心部に棒状の構造を持つため、「棒渦巻銀河」と呼ばれる。銀河系もこのタイプと考えられている。

たくさんの恒星が渦巻く銀河

恒星や星間物質が重力的にまとまった天体の集まりを「銀河」という。ひとつの銀河には、数百億から数千億個の恒星が含まれる。古くは「島宇宙」と呼ばれたこともあった。

また、観測技術が発達していなかったころは、銀河も星雲もぼんやりとした星の光としてしか観測されなかったため、現在の「アンドロメダ銀河」を「アンドロメダ星雲」としていたように、それらを総称して「星雲」と呼んでいた。現在では、星間ガスで構成された星雲と、星々からなる銀河は区別されている。

宇宙には銀河が無数に存在しており、地球から観測できる範囲（１４０億光年以内）には、３５００億個以上の銀河が存在しているといわれている。

なお、私たちが住む太陽系を含む銀河を示す場合、他の銀河と区別するために「銀河系」、あるいは「天の川銀河」と呼ぶ。

銀河の形はさまざま 形態による分類の仕方

銀河はその形態によって次のように分類される。

うみへび座に位置する「渦巻銀河」M83（NGC5236）で、「南の回転花火銀河」の愛称を持つ。数多くの銀河を写したハッブルの写真の中でも、特に見事な1枚だ。いくつもの腕が伸びた美しい渦巻形の姿は、私たちがイメージする銀河の一般的な形といえる。

まず、アンドロメダ銀河のように、中心の周囲を渦巻くように星や星間物質が回転している銀河を「渦巻銀河」と呼ぶ。

渦巻銀河は、真横から見ると凸レンズのような形状をしている。回転の中心部には「バルジ」という盛り上がった部分があり、比較的古い恒星が多い。バルジの外側にある薄い円盤部分は「ディスク」と呼ばれ、何本もの腕《わん》※が伸びたような構造は、回転するネズミ花火から飛び散る火花に似ているといえる。ディスクやバルジの外側には「ハロー」と呼ばれる領域が広がっており、そこにも数百個の球状星団が存在し、銀河を周回している。

長い間、銀河系は渦巻銀河のひとつと考えられてきたが、最近では中心部が棒状、あるいは棒が突き抜けたような構造を持つ「棒渦巻銀河」とする説が有力だ。

銀河自体がほとんど回転しておらず、ディスクとバルジの区別が明確でない銀河は「楕円銀河」という。これまで楕円銀河には若い星が観測されなかったために、星間物質が失われて星が作られなくなった銀河と考えられてきた。しかし、近年になって若い星も発見されたことで、銀河が合体した結果なのではないかとも推測されている。

※腕：渦によって形成された星の弧のこと。

銀河の形は渦巻銀河、棒渦巻銀河のほかに、「レンズ状銀河」（りゅう座のNGC5866／写真上）、「楕円銀河」（エリダヌス座のNGC1132／写真左上）、「不規則銀河」（おおぐま座のM82／写真下）に分類される。

また、渦巻銀河に似ているが、ディスクはあっても渦状腕がない銀河は「レンズ状銀河」と呼ばれ、区別されている。

そして、渦巻銀河のような渦状腕構造や、楕円銀河のような楕円体構造を持たない銀河は、まとめて「不規則銀河」と呼ばれる。

広大な宇宙で銀河同士が衝突する？

それ以外にも、たとえば中心部から離れた場所で星々が環状に連なる「リング銀河（車輪銀河）」などのように、変わった形状を持つものは「特異銀河」と呼ばれる。特異銀河は、複数の銀河が近接して相互に作用したり、銀河同士が衝突した結果形成されたのではないかと推定されている。

宇宙は広大であり、それぞれの銀河は遠く離れているイメージがあるが、意外にも銀河同士の衝突はめずらしいことではない。身近な例を挙げれば、銀河系とその隣に位置するアンドロメダ銀河の関係がある。

銀河系とアンドロメダ銀河との間には、現在はおよそ２３０万光年の距離があるが、両者は毎秒３００キロメートルの速度で近づきつつある。そして、30億〜40億年後には、ふたつの銀河は衝突すると考えられているのだ。

衝突してゆがむ銀河

ヘラクレス座のNGC6050とIC1179というふたつの渦巻銀河が衝突し、互いの腕がもつれたような状態になっている。

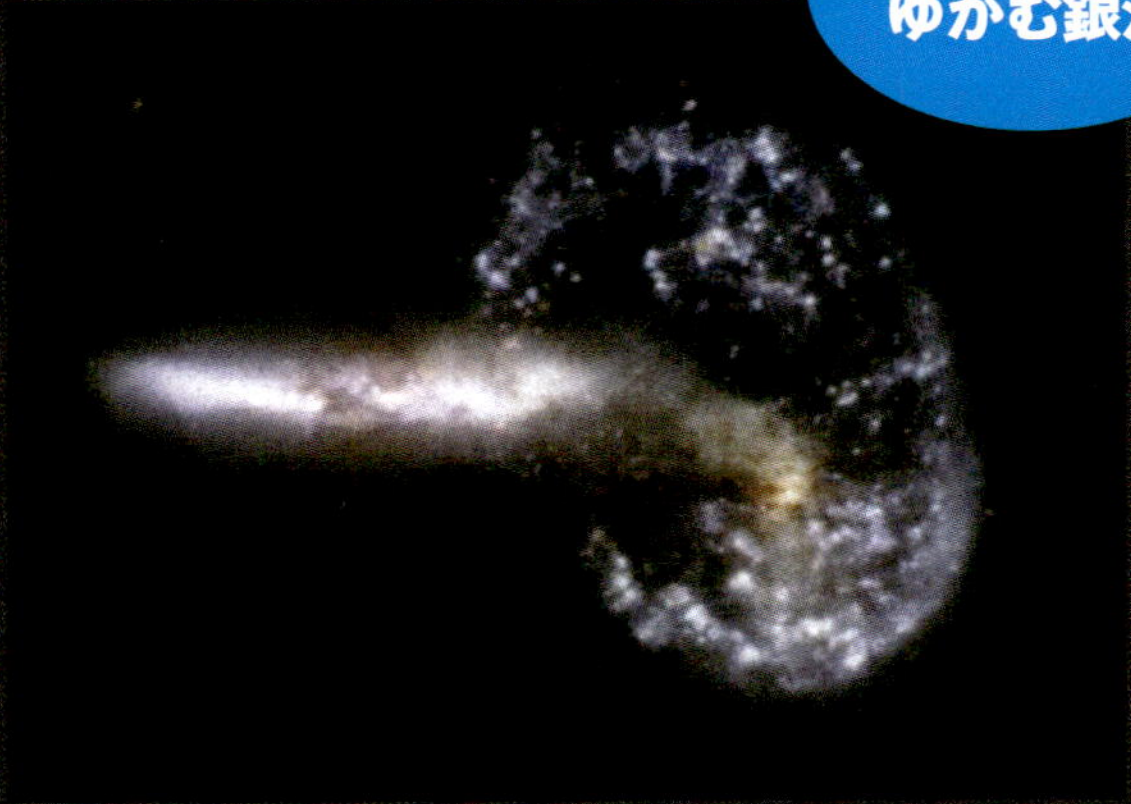

おおぐま座方向にあるArp148。銀河同士が衝突した勢いで、銀河の物質が外側に放出している。

深宇宙 Deep Space

銀河の集団が形作る宇宙の姿

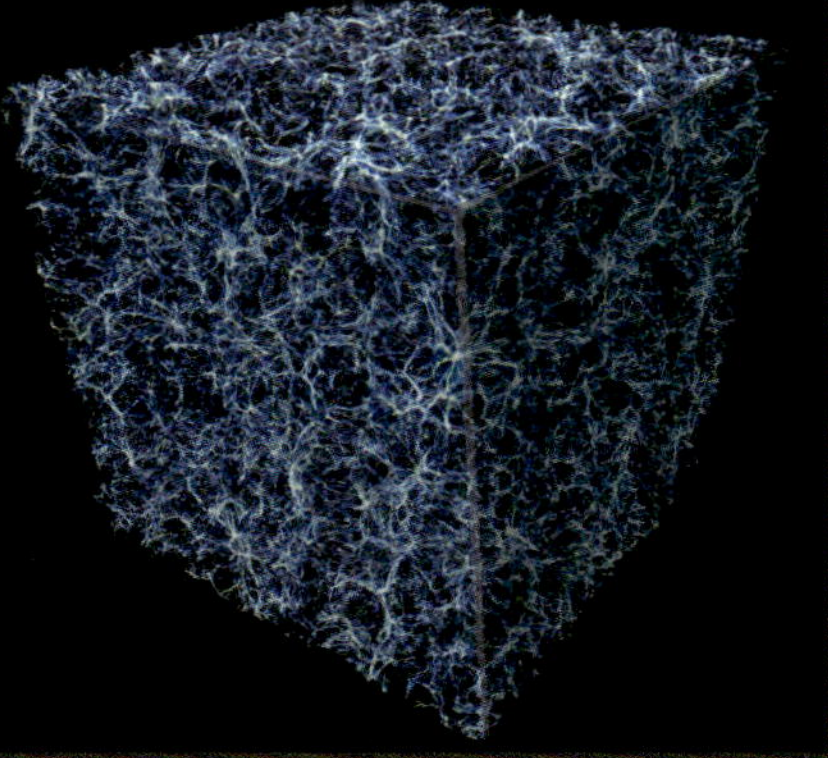

シミュレーションによる宇宙の大規模構造のイメージ図。グレートウォールとボイドによって形作られている様子が、まるで蜘蛛の巣のように見えることから、「コズミック・ウェブ（Cosmic Web）」とも呼ばれる。

宇宙のあちこちに集団を作る銀河

宇宙には不規則にさまざまな天体が浮かんでいるように見えるが、宇宙はどういう構造をしているのだろうか。

私たちの住む地球は、太陽を中心とした太陽系の一部である。同じように、恒星と惑星などの天体からなる恒星系が集まってできているのが銀河だ。太陽系は銀河系（天の川銀河）に属しており、その位置は銀河系の端のほうにあたる（6ページ参照）。

そして、いくつかの銀河は集まって集団を形成している。たとえば、私たちの銀河系は、アンドロメダ銀河やマゼラン雲といった30個ほどの銀河とともに、半径300万光年ほどの空間に集まって「局所銀河群」を構成している。このような銀河群のほかに、半径1000万光年ほどの範囲に、数十～数千個の銀河が集まった「銀河団」も存在する。

銀河系にもっとも近い銀河団は、おとめ座を中心に広がるおとめ座銀河

2014年1月、「ハッブル宇宙望遠鏡」のチームが、これまで観測された中でももっとも古い、約132億年前の銀河の姿として公開した銀河団「エイベル2744」の写真。宇宙は今から約138億年前に誕生したと考えられており、宇宙誕生後からおよそ40億年の間に、数多くの恒星が形成され、銀河がどんどん大きく成長していったと推測されている。

「宇宙の大規模構造」のイメージ図。宇宙の姿は石けんの泡のような形で、泡の膜の部分に銀河が集まり（グレートウォール）、泡の中は銀河がない空洞になっている（超空洞／ボイド）ため、「宇宙の泡構造」ともいわれている。

イラストレーション＝久保田晃司

ペガスス座の方向にある近接した5つの銀河で、「ステファンの5つ子銀河」と呼ばれる銀河群。銀河は重力の働きによってお互いに引きつけ合い、「銀河群」や「銀河団」と呼ばれる集団を形成している。

団で、銀河系からの距離は約6000万光年離れており、1200万光年の範囲に約2500個の銀河が存在している。ほかにも、かみのけ座銀河団など、これまでに1万個以上の銀河団が発見されている。

宇宙には何もない空間が存在する？

さらに、銀河群や銀河団が集まってできた集団を「超銀河団」と呼ぶ。超銀河団は一様に存在しているのではなく、円筒を押しつぶしたような楕円状に偏って存在する領域があり、そこはまるで壁のように見えることから「グレートウォール」「フィラメント」、あるいは「銀河フィラメント」（フィラメントとは、糸状の構造を意味する）と呼ばれている。

超銀河団と別の超銀河団のグレートウォール間には、銀河がほとんど存在しない「超空洞（ボイド）」と呼ばれる領域がある。ボイドの直径は、1億光年と途方もなく巨大だ。

そして、超銀河団の一部であるグレートウォールとその間に広がるボイドは、宇宙のいたるところで複雑に絡み合っている。こうした宇宙の構造を「宇宙の大規模構造」といい、まるで泡のように見えることから「宇宙の泡構造」とも呼ばれる。

宇宙の誕生と「見えない何か」の存在

ビッグバンとインフレーション

天文学者エドウィン・ハッブルは、銀河のスペクトル（電磁波の波長ごとの成分）を観測すると、ほぼすべての銀河が赤方偏移していることを発見した。赤方偏移とは、光のドップラー効果によって対象からの光の波長が引き延ばされ、長波長方向（赤い方向）にずれる現象で、対象が遠ざかっていることを意味している。つまり、宇宙は膨張しているのである。

「宇宙が膨張しているのなら、その始まりは密度が高く高温状態だったはず」と考えたのは、物理学者のジョージ・ガモフだ。「火の玉宇宙論」と呼ばれていたこのアイディアは、その後「ビッグバン」という名称で広く知られるようになった。

そして、物理学者のアラン・グースと佐藤勝彦東京大学名誉教授が提唱した「インフレーション理論」によって補強され、現在では宇宙が誕生した過程を表す理論として広く認知されている。

インフレーション理論によれば、ビッグバンの前に空間も時間も存在しない「無」の状態があり、そこに発生した真空エネルギーが量子ゆらぎを起こしたことで最初の宇宙が生まれたのだという。最初の宇宙は、誕生時は10の−34乗センチメートルという極小サイズだったが、誕生後10の−36乗秒から10の−34乗秒後の間に、10の100乗倍にいっきに膨張、その直後にビックバンが発生した。

誕生直後の宇宙は超高温の世界

ビッグバン直後は、100兆℃から1000兆℃という高温状態で、物質は素粒子の形でしか存在できない世界だった。宇宙誕生から1万分の1秒後になると、温度は1兆℃まで下がり、素粒子は互いに結びついて陽子や中性子になる。

宇宙誕生から3分後、温度が10億℃ほどに下がると陽子と中性子が結びつき、原子核が生まれる。その後、原子核が電子を捕まえて原子が生まれるのは、宇宙誕生後38万年ほど経過し、宇宙の温度が3000℃まで下がったころだ。

電子が原子核と結びついたことで、光子は電子に邪魔されず直進できるようになり、宇宙に光が満ちあふれた。これを「宇宙の晴れ上がり」と呼ぶ。

そして、宇宙誕生からおよそ4億年が経過したころ、星や銀河が形成されるようになり、現在のような姿の宇宙になる。現在は、宇宙誕生から138億年ほど経過していると考えられている。

宇宙は正体不明のもので満ちている？

「オールトの雲」（46ページ参照）の提唱者であるヤン・オールトが、1927年に恒星の運動から銀河系の重さを推測しようとして、運動が行われるためには質量が足りないことに気づいた。この謎は「ミッシング・マス（失われた質量）」問題と呼ばれ、未知の物質の存在を仮定するきっかけとなった。

その後、1960年代に行われた銀河系の回転速度の観測で、銀河系の内側と外側の回転速度がほぼ同じことが判明する。本来なら、星の数が少なく質量が小さい外側よりも、星の数が多く質量が大きい内側の回転が速くなるはずだ。

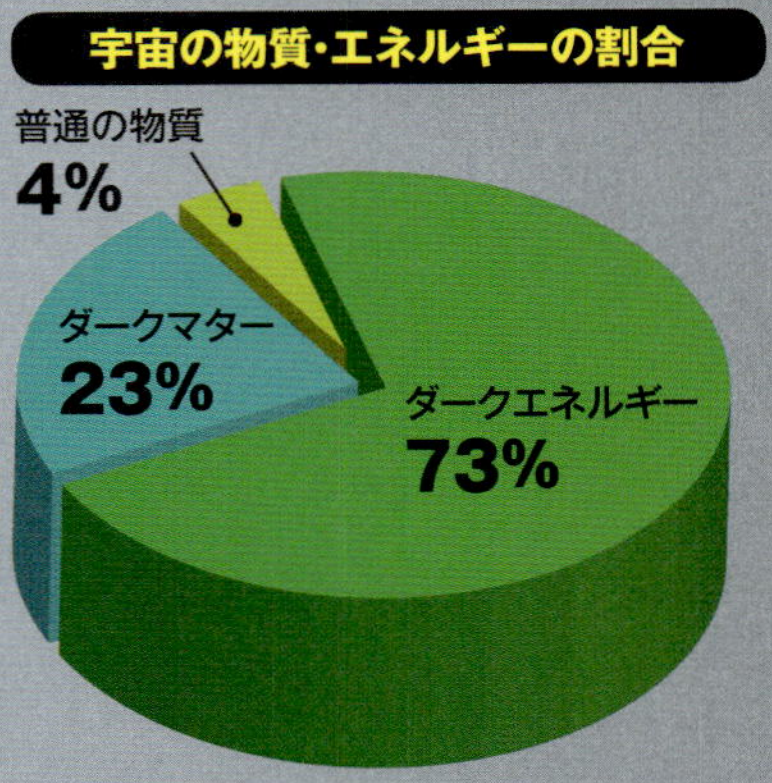

ところが、内側と外側の速度が同じということは、そこに質量を持った「何か」が存在しなければつじつまが合わないが、そうした物質は見つかっていない。そこで、この見えない物質を「ダークマター」と呼ぶようになった。日本語では「暗黒物質」と訳されることもあるが、ここでいう「ダーク」とは「見えない」という意味であり、黒い物質を意味するわけではない。

一方、観測によって、宇宙が膨張しつづけており、さらにその膨張が加速していることがわかっているが、その加速を生み出すエネルギーも発見できていない。そこで、この見つかっていないエネルギーを「ダークエネルギー」と呼ぶようになった。

実は、宇宙を構成するもののうち、私たちが知る物質はわずか4パーセントほどで、残りの96パーセントは未知の存在が占めているのである。

現在、まだ発見されていないダークマターやダークエネルギーを求めて、世界中の研究者がさまざまな取り組みを行っている。東大宇宙線研究所が2013年から行っている「XMASS実験」もそのひとつだ。

この実験では、バックグラウンドノイズ（観測対象以外の余計な信号など）のほとんどない地下で、液体キセノンを使った検出器で直接ダークマターを見つけ出す試みが行われている。もしかしたら、日本の実験がダークマター発見に大きな役割を果たすかもしれない。

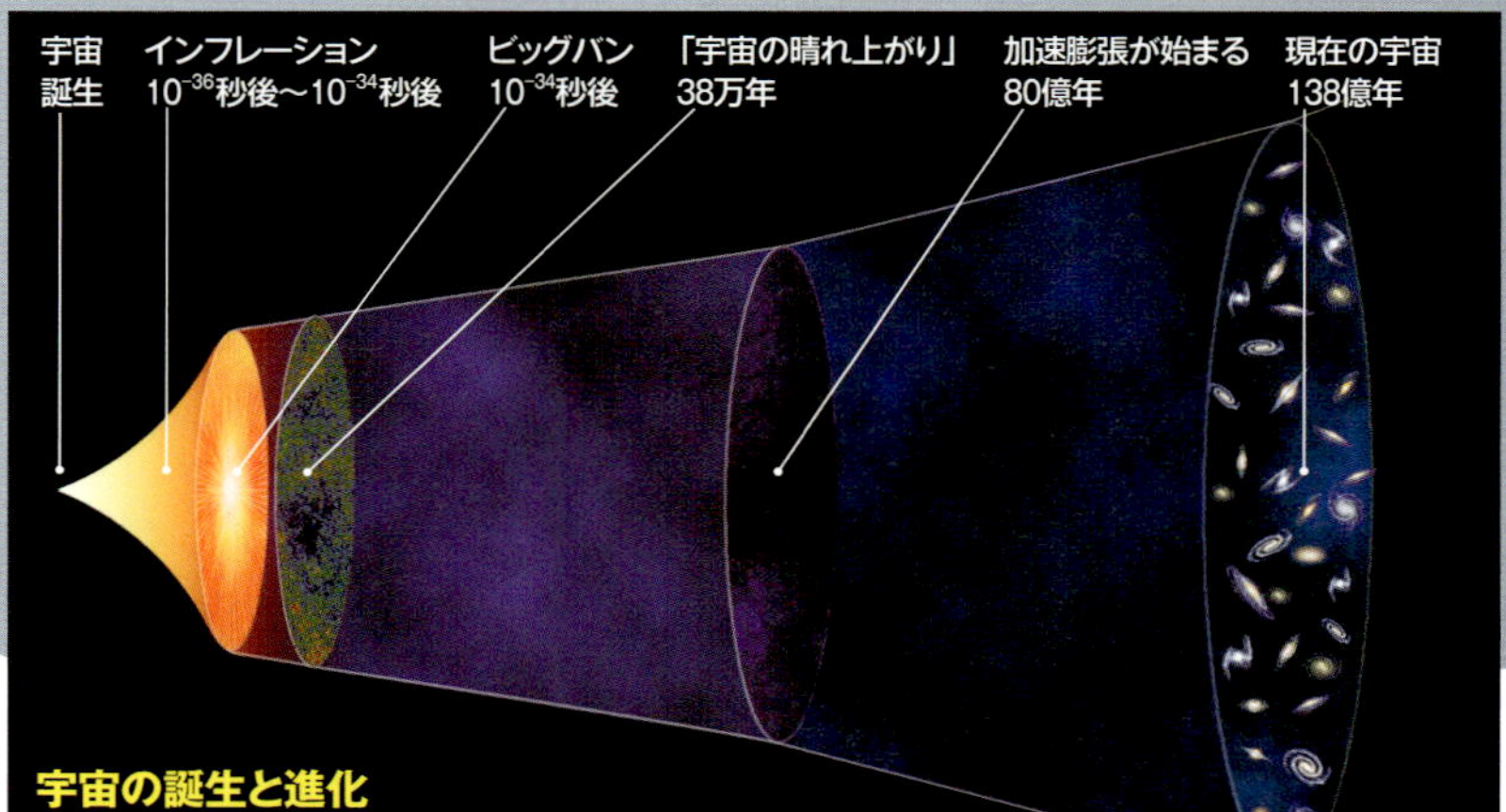

宇宙の誕生と進化
無から突然生まれ、インフレーションの大膨張を経たビッグバンの後、宇宙はゆるやかに膨張を続けている。しかし、60億年ほど前から再び膨張が加速している。

イラストレーション＝久保田晃司

※**ドップラー効果**：遠ざかる光ほど波長が長く（赤く）なり、近づく光ほど波長が短く（青く）なる現象。

※**量子ゆらぎ**：量子力学において、ごく短い時間内では、エネルギー量は一定の値を取らない。これを「量子ゆらぎ」あるいは「量子的なゆらぎ」などという。

第2部◎世界と日本の宇宙開発を知る

人類はロケット技術を手に入れたことで、それまで地上から望遠鏡で眺めることしかできなかった宇宙へ、探査機や人間を送り出すことが可能になった。

世界で初めて人工衛星を打ち上げたのはどの国なのか、アポロ11号が月面に着陸するまでにはどんなドラマがあったのか、日本はどのように宇宙開発を進めてきたのか、そして、今後はどんな宇宙計画が立てられているのか——第2部では、世界と日本が歩んできた宇宙開発の歴史と、これからの計画について見ていこう。

宇宙時代の到来とアポロ計画

世界の宇宙開発をリードするアメリカ

地球以外の天体に初めて人類が到達した日

1969年7月20日は、人類が初めて地球以外の天体に足を踏み入れた、記念すべき日である。その日、アメリカの「アポロ11号」が月面に着陸し、ニール・アームストロング船長が月面に降り立つ様子を、世界中で6億以上の人々がテレビの前で見つめていた。

3名の宇宙飛行士を乗せたアポロ11号は、7月16日にケネディ宇宙センターから打ち上げられた。19日には月の周回軌道に乗り、翌日に司令船「コロンビア」から月着陸船「イーグル」が切り離された。

イーグルは月面へ無事に着陸し、イーグルのタラップからふわりと地表へ降り立ったアームストロング船長は、「これはひとりの人間にとっては小さな一歩だが、人類にとっては偉大な飛躍である」という有名な言葉を残している。

アポロ11号の月面着陸成功は、人類

月面に星条旗を立てるバズ・オルドリン月着陸船操縦士。「アポロ11号」の乗組員3名のうち、月面に降り立ったのはニール・アームストロング船長とオルドリンの2名だった。

の科学技術が別の天体まで人を送り込むことができるほど進歩した証であり、希望に満ちた宇宙時代の到来を予感させる大きな出来事であった。

東西冷戦によって生まれた「アポロ計画」

アメリカが人類初の月面着陸という偉業を成し遂げた背景には、アメリカとソビエト連邦（ソ連）の対立、いわゆる東西冷戦があった。

第2次世界大戦後、世界は社会主義の東側諸国と、アメリカを代表とする民主主義の西側諸国に分かれて対立を繰り返す、いわゆる「冷戦時代」に突入していた。アメリカは、ソ連と競うようにロケットや人工衛星の研究開発を進めていたが、人工衛星の打ち上げや有人宇宙飛行など、常にソ連にリードを許す状態が続いていた。

ソ連に遅れを取っていた宇宙開発分野で形勢を逆転するため、アポロ計画を推進したジョン・F・ケネディ大統領。

1969年7月16日、アポロ11号を搭載した「サターンVロケット」の打ち上げの様子を、発射台から捉えた写真。

司令船「コロンビア」から分離された直後の月着陸船「イーグル」。「アポロ計画」では、司令船と月着陸船からなる月周回ランデブー方式が採用された。

宇宙開発競争は国家の威信の問題であると同時に、安全保障上の問題でもある。次々と宇宙開発の実績を積むソ連に対し、アメリカはよりインパクトの強い宇宙開発を成功させる必要があった。そこで、1961年、時のアメリカ大統領ジョン・F・ケネディは上下両院合同議会において、今後10年以内に人類を月に着陸させ、安全に帰還させる「アポロ計画」を発表する。

アポロ計画の決定以前から、アメリカは有人月面着陸の構想を検討しており、その前段階として月の詳細な写真を撮影する「レインジャー計画」、月への軟着陸を行う「サーベイヤー計画」、月面地図を作成する「ルナ・オービター計画」という、3つの月探査計画が立案された。

また、有人宇宙飛行に関しても、「マーキュリー計画」を経て2人乗り宇宙船による「ジェミニ計画」を実施、生命維持技術をはじめ、アポロ計画に必要となるランデブーやドッキング、船外活動、帰還カプセルの着陸技術などを蓄積していった。

ニール・アームストロング船長が月面に残した足跡。人類が初めて地球以外の場所に降り立った証であるとともに、宇宙探査の歴史に刻まれた大きな一歩でもあった。

しかし、莫大な予算の獲得や技術開発に手間取ったことから計画はなかなか進まず、打ち上げロケットとして新たに開発された「サターンIB」が最初の発射実験にこぎ着けたのは、計画発表から5年後、1966年のことだった。

さらに、1967年には大事故が起こる。発射台上での訓練中に火災が発生し、宇宙船に乗り込んでいた宇宙飛行士3名の命が失われてしまったのだ。

そうした悲劇を乗り越え、1968年に「アポロ8号」が有人での月周回飛行に成功。そして、1969年7月、アポロ11号がついに有人月面着陸を成功させたのである。

偉大な功績とアポロ計画の終焉

ケネディ大統領の言葉どおり、有人月面着陸と帰還を果たしたことで、アメリカ全土が歓喜に沸き、世界中でロケットブームや宇宙ブーム、科学ブームが巻き起こった。アメリカ国民にとって、それまでソ連に先んじられてきた悔しさを晴らす出来事だったことだろう。

その後もアポロ計画は進行し、月面に観測機器を設置するとともに382キログラムのサンプルを持ち帰った。アポロ計画によって、月の科学的な研究は飛躍的に向上したのである。

月面への有人着陸という世界初のミッションに成功したアメリカは、その後、続々と惑星探査計画を実施。加えて、地球外生命体に向けたメッセージを搭載した惑星探査機「パイオニア10号／11号」や、1977年の打ち上げからすでに35年以上が経過し、太陽系外の世界へ向けて航行中の惑星探査機「ボイジャー1号／2号」など、世界の注目を集めるミッションをいくつも行ってきた。

しかし、時代が移り変わるにつれ、アメリカ国民の宇宙への関心は薄れ

月面から地球が昇る様子（上）と、荒涼とした風景が広がる月面のパノラマ写真（下）。アポロ計画では計12名の宇宙飛行士が月に降り立ったが、彼らは地球からはうかがい知ることができない月世界のさまざまな光景をカメラに収めた。

1972年に打ち上げられた「パイオニア10号」（イメージ図）。姉妹機の11号とともに、人類が初めて地球より外側の軌道を回る惑星へ送った探査機で、木星と土星の探査に成功している。

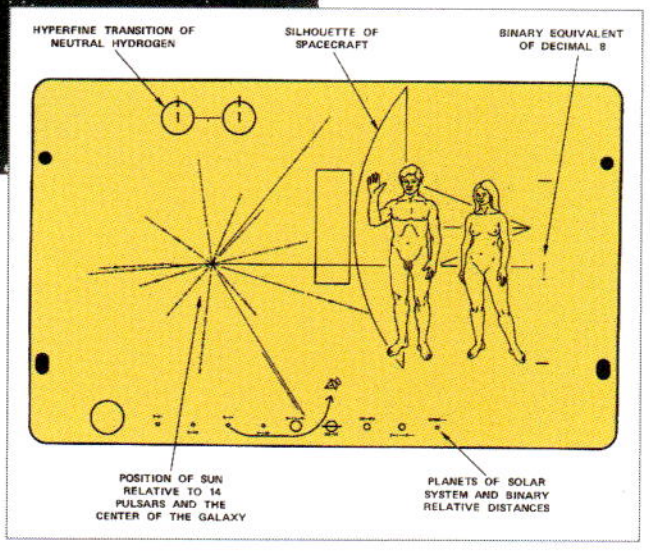

アメリカの天文学者カール・セーガンらによる「人類からのメッセージを送ろう」という発案で、パイオニア10号と11号に搭載された金属板の図柄。

月の表面のサンプルを収集するアポロ17号の宇宙飛行士。アポロ計画の有人月面着陸は6回を数え、総重量382キログラムものサンプルを採取した。

アポロ計画で持ち帰られた月の石。宇宙飛行士たちが集めた大量の石や砂によって、月の地質研究は格段に進んだ。

ていった。大きな功績を残したアポロ計画も、1972年の17号を最後に計画は中止となり、その後、アメリカは宇宙ステーション「スカイラブ計画」、そして「スペースシャトル」へと舵を切ることになる。アポロ11号の成功とともに、多くの人々が夢見た宇宙時代は、こうして終わりを迎えたのだった。

アポロ計画の主な内容と結果

計画名	発射日	乗組員	計画の目標	結果	ミッション
アポロAS-201（アポロ1A）	1966年	無人	弾道飛行	一部成功	司令船および機械船の打ち上げ試験
アポロAS-203（アポロ2号）	1966年	無人	地球周回飛行	成功	ロケットの性能試験
アポロAS-202（アポロ3号）	1966年	無人	弾道飛行	成功	司令船の大気圏再突入試験
アポロ1号	1967年	有人	地球周回飛行	発射中止	発射台上での訓練中に火災事故が発生
アポロ4号	1967年	無人	地球周回飛行	成功	人が搭乗可能な機体での初の打ち上げ試験
アポロ5号	1968年	無人	地球周回飛行	成功	月着陸船の初の試験飛行
アポロ6号	1968年	無人	地球周回飛行	一部成功	エマージェンシー時のデータを採取する実験は失敗
アポロ7号	1968年	有人	地球周回飛行	成功	アポロ計画における初の有人飛行
アポロ8号	1968年	有人	月周回飛行	成功	人類初の月周回飛行に成功
アポロ9号	1969年	有人	地球周回飛行	成功	アポロ計画における初の船外活動
アポロ10号	1969年	有人	月周回飛行	成功	月着陸船の性能試験
アポロ11号	1969年	有人	月面着陸	成功	人類初の月面着陸に成功／月の物質を21.7kg採取
アポロ12号	1969年	有人	月面着陸	成功	月の物質を34.4kg採取
アポロ13号	1970年	有人	月面着陸	失敗	月に向かう途中で機械船の酸素タンクが爆発
アポロ14号	1971年	有人	月面着陸	成功	月面を初めてカラー映像で撮影
アポロ15号	1971年	有人	月面着陸	成功	初の月面長期滞在（3日間）
アポロ16号	1972年	有人	月面着陸	成功	月の高地を探索
アポロ17号	1972年	有人	月面着陸	成功	最後の月面着陸
アポロ・ソユーズテスト計画	1975年	有人	地球周回飛行	成功	ソ連の宇宙船ソユーズ19号とランデブー実験
アポロ18号／19号／20号	―	―	―	キャンセル	予算削減のため計画中止

宇宙を行き来するという新しい宇宙輸送の概念

宇宙開発を支えたスペースシャトル

発射直前の「アトランティス号」。「スペースシャトル」は、メインエンジンと2基の固体燃料補助ロケットによって打ち上げられる。アトランティス号の奥に見えるオレンジ色のものは、メインエンジン用の外部燃料タンクだ。

スペースシャトル輸送機から空中分離する「エンタープライズ号」。滑空実験機のため、宇宙飛行能力は持っていない。

スペースシャトルの原型となった極超音速機「X-15」。飛行実験中にマッハ6.7を記録。この有人による最高速度と最大高度の記録は現在も破られていない。

ドッキングのため、国際宇宙ステーション（ISS）に近づく「ディスカバリー号」。スペースシャトルは最大7名が搭乗し、30トンのペイロード（貨物）を運ぶことができる。

スペースシャトルは、着陸時には航空機のように滑走路へ降り立つ。滑走路に着陸すると、直径12メートルのドラッグシュートが開き、補助的なブレーキの役目を果たす。

宇宙ステーション建設と「スペースシャトル計画」

60ページで述べたように、「アポロ計画」は人類初の月面着陸という偉業を成し遂げたが、アメリカ国民の関心が薄くなっていくのと同時に、計画にかかる莫大な予算についても批判の声が高まっていった。

そこでアメリカは、現実的な宇宙利用方法として宇宙ステーション建設「スカイラブ計画」に着手し、そのためにロケットよりも安いコストで宇宙へ行く手段として、宇宙往還機を利用する「スペースシャトル計画」を推進することにした。

スペースシャトルの元となるアイディアは、1950年代から存在していた。第2次世界大戦後にアメリカが回収したドイツの航空宇宙技術報告書の中には、「ゼンガー計画」というロケット爆撃機の構想があった。このゼンガー計画を参考にして作り上げたのが、ロケットエンジンを搭載した実験機「X-15」で、これがのちにスペースシャトルの原型となるのだ。ちなみに、Xとは「実験機」を意味しており、X-15は「15番目の実験機」という意味になる。

1960年、X-15は91回目の飛行で高度10万7960メートル、188回目の飛行でマッハ6・7を記録した。こうした実験が、

初の有人宇宙飛行で打ち上げられる「コロンビア号」。

命綱なしの宇宙遊泳を行う宇宙飛行士。

打ち上げ直後に爆発した「チャレンジャー号」。

「ディスカバリー」で宇宙空間に運ばれた「ハッブル宇宙望遠鏡」。

新たに作られ、ケネディ宇宙センターに到着した「エンデバー号」。

スペースシャトルの歴史

スペースシャトルは「宇宙輸送システム」とも呼ばれ、
各ミッション名には頭文字である「STS」がつけられている。

1977年8月	「エンタープライズ号」初の大気圏内自由飛行
1981年4月	「コロンビア号」初の有人宇宙飛行（STS-1）
1982年11月	「コロンビア号」実用飛行開始。静止通信衛星などを軌道に放出（STS-5）
1983年4月	「チャレンジャー号」初飛行。スペースシャトルから初の宇宙遊泳（STS-6）
1984年8月	「ディスカバリー号」初飛行（STS-41-D）
1985年10月	「アトランティス号」初飛行（STS-51-J）
1986年1月	「チャレンジャー号」爆発事故。初の日系アメリカ人宇宙飛行士エリソン・オニヅカ、初の民間人宇宙飛行士クリスタ・マコーリフを含む7名全員が死亡（STS-51-L）
1988年9月	「ディスカバリー号」2年8か月ぶりに飛行再開（STS-26）
1990年4月	「ディスカバリー号」で「ハッブル宇宙望遠鏡」を軌道上に放出（STS-31）
1992年5月	「エンデバー号」初フライト（STS-49）
1992年9月	初の日本人宇宙飛行士として毛利衛宇宙飛行士が「エンデバー号」に搭乗（STS-47）
1994年7月	初の日本人女性宇宙飛行士として向井千秋宇宙飛行士が「コロンビア号」に搭乗（STS-65）
1995年6月	「アトランティス号」がロシアの宇宙ステーション「ミール」と初のドッキング（STS-71）
1997年11月	土井隆雄宇宙飛行士が「コロンビア号」に搭乗、日本人初の船外活動を実施（STS-87）
1998年12月	「エンデバー号」が国際宇宙ステーション（ISS）と初のドッキング（STS-88）
2003年2月	「コロンビア号」空中分解事故。乗組員7名全員が死亡。帰還の際の事故だった（STS-107）
2005年7月	「ディスカバリー号」2年6か月ぶりに飛行再開。野口聡一宇宙飛行士が搭乗（STS-114）
2008年5月	「ディスカバリー号」で「きぼう」日本実験棟を搬出。星出彰彦宇宙飛行士が搭乗（STS-124）
2010年4月	「ディスカバリー号」に山崎直子宇宙飛行士が搭乗（STS-131）
2011年2月	「ディスカバリー号」最後の飛行（STS-133）
2011年5月	「エンデバー号」最後の飛行（STS-134）
2011年7月	「アトランティス号」最後の飛行。スペースシャトル計画が終了する（STS-135）

スペースシャトル開発の際に役立てられた。

再利用可能な宇宙往還機 スペースシャトルの活躍

ロケットエンジンで宇宙へ行き、帰りは飛行機のように水平飛行で着陸することができれば、これまでのようにロケットを使い捨てするのではなく、繰り返し利用できるようになり、宇宙開発のコストを抑えることができる。そう結論づけたことで、リチャード・ニクソン大統領（当時）はスペースシャトル計画にゴーサインを出した。

スペースシャトルはさまざまなデザインや構造が検討されたが、最終的には巨大な外部燃料タンクと2本の固体燃料ロケットブースター、そして乗員や物資を搭載するオービターから構成されたシステムとなった。

打ち上げ時に使用される燃料タンクとブースターは、打ち上げ後に切り離され、オービターだけが地球周回軌道まで到達する。宇宙空間でのミッション終了後、オービターは飛行機のように滑空して着陸し、次回ミッション時に再び宇宙へ打ち上げることができる。

1977年8月、スペースシャトル試験機「エンタープライズ号」が弾道※飛行に成功する。ただし、エンタープライズ号は宇宙飛行する能力を持たず、発進も地上からではなく、飛行する輸送機からの空中発射だった。

1981年4月には、「コロンビア号」が地表からの打ち上げによる初飛行に成功。続いて「チャレンジャー号」「ディスカバリー号」「アトランティス号」も実用化され、人工衛星の射出や「ハッブル宇宙望遠鏡」の設置・修理、国際宇宙ステーション（ISS）の建設など、数々の宇宙ミッションにスペースシャトルが利用されるようになった。

アポロ計画終了以降のアメリカは、自国の利益を追求するのではなく「人類の利益となる知識を学ぶため、未知へ挑戦する」というビジョンを掲げ、新たな技術の開発や地球観測、太陽系の惑星探査、そして太陽系外の天体の観測などに取り組むようになっていた。スペースシャトルのISSへの貢献も、その一環といえるだろう。

※**弾道飛行**：大砲から打ち出された砲弾のように、弧を描いて飛ぶ形態を「弾道飛行」と呼ぶ。発射された飛翔体（ロケットやミサイル、飛行機など）は、地球周回軌道には到達せず地表へと落下する。

ラストミッションを終えた3機のスペースシャトル

スペースシャトルは1981年の初飛行以来、30年間にわたって運用されてきた。総打ち上げ回数は135回を数える。「コロンビア号」と「チャレンジャー号」を事故で失い、「ディスカバリー号」「アトランティス号」「エンデバー号」の3機で数々のミッションをこなしたスペースシャトルは、2011年7月のアトランティス号の飛行を最後に、宇宙から姿を消した。

ラストミッションを終えて帰還した「ディスカバリー号」。

ラストミッションで、ISSへのドッキング態勢に入る「エンデバー号」。

打ち上げ直後の「アトランティス号」。スペースシャトルが宇宙へ向かって飛ぶ姿は、これが見納めとなった。

2度の大事故と迎えたラストフライト

新たな宇宙輸送の手段を得て、アメリカの宇宙開発がさらなる躍進を遂げていこうとする最中に、悲劇が起こってしまう。1986年1月28日、チャレンジャー号が打ち上げ直後に爆発し、搭乗していた7名の宇宙飛行士全員が死亡したのだ。

爆発の原因を突き止め、対策を講じるまでのおよそ2年8か月の間、スペースシャトルの打ち上げは中止された。1988年9月になってようやく飛行が再開され、少なくなった機体を補うために、予備パーツを集めて新たに「エンデバー号」が作られた。

4機体制となり、順調にミッションを重ねるスペースシャトルを、またしても悲劇が襲う。2003年2月1日、ミッションを終え、大気圏再突入中のコロンビア号が空中分解し、7名の宇宙飛行士が命を落としてしまったのだ。

2度の大事故に加え、計画当初に考えられていたよりも、メンテナンス費用などの面でかかる莫大なコストが原因となり、スペースシャトル計画の終了が決定される。

そして、2011年7月8日、アトランティス号の地球帰還を最後に、すべての機体が引退、30年にわたって続いた計画に幕が下ろされた。

もうひとつの宇宙大国

アメリカと宇宙開発を競ったロシア

ソ連が打ち上げた世界初の人工衛星「スプートニク1号」（模型）。直径58センチメートルのアルミニウム製球体で、重さは83.6キログラム。96.2分で地球を1周した。打ち上げから3か月後の1958年1月4日に大気圏へ突入し、燃え尽きた。

「スプートニク2号」を搭載した「R-7型ロケット」。同機にはライカという名の実験犬が乗せられていた。

世界を震撼させた「スプートニク・ショック」

今でこそ、宇宙開発で世界をリードしているのはアメリカだが、宇宙開発競争が始まった当初、先行していたのはソビエト連邦（ソ連）、のちのロシアであった。

第2次世界大戦の末期、ソ連はドイツに侵攻した。「近代ロケットの父」と呼ばれるヴェルナー・フォン・ブラウンをはじめ、ドイツの研究者やエンジニアの多くはアメリカに亡命したが、ソ連はかろうじてドイツのロケット開発施設の接収に成功する。

ソ連政府は接収したロケット施設に、のちにソ連の宇宙開発責任者となるロケット技術者、セルゲイ・パーヴロヴィッチ・コロリョフを送り込み、ロケット技術の習得を目指した。

1957年8月21日、弾道ミサイルを改造した「R-7型ロケット」の打ち上げに成功、約6400キロメートル上空まで到達した。そして、同年10月4日、R-7型ロケットで打ち上げられた「スプートニク1号」の地球周回軌道への投入に成功する。

月探査機「ルナ3号」。

世界初の人工衛星となるスプートニク1号の打ち上げ成功は、「スプートニク・ショック」あるいは「スプートニク危機」と呼ばれるほど、世界に衝撃を与えた。というのも、ソ連をはじめとする東側諸国は当時、情報を極力秘匿する方策をとっていたため、西側諸国にとってスプートニク1号の打ち上げはまさに青天の霹靂《へきれき》だったのだ。

さらに、同年11月3日には、犬を乗せた人工衛星「スプートニク2号」の地球周回軌道投入にも成功している。

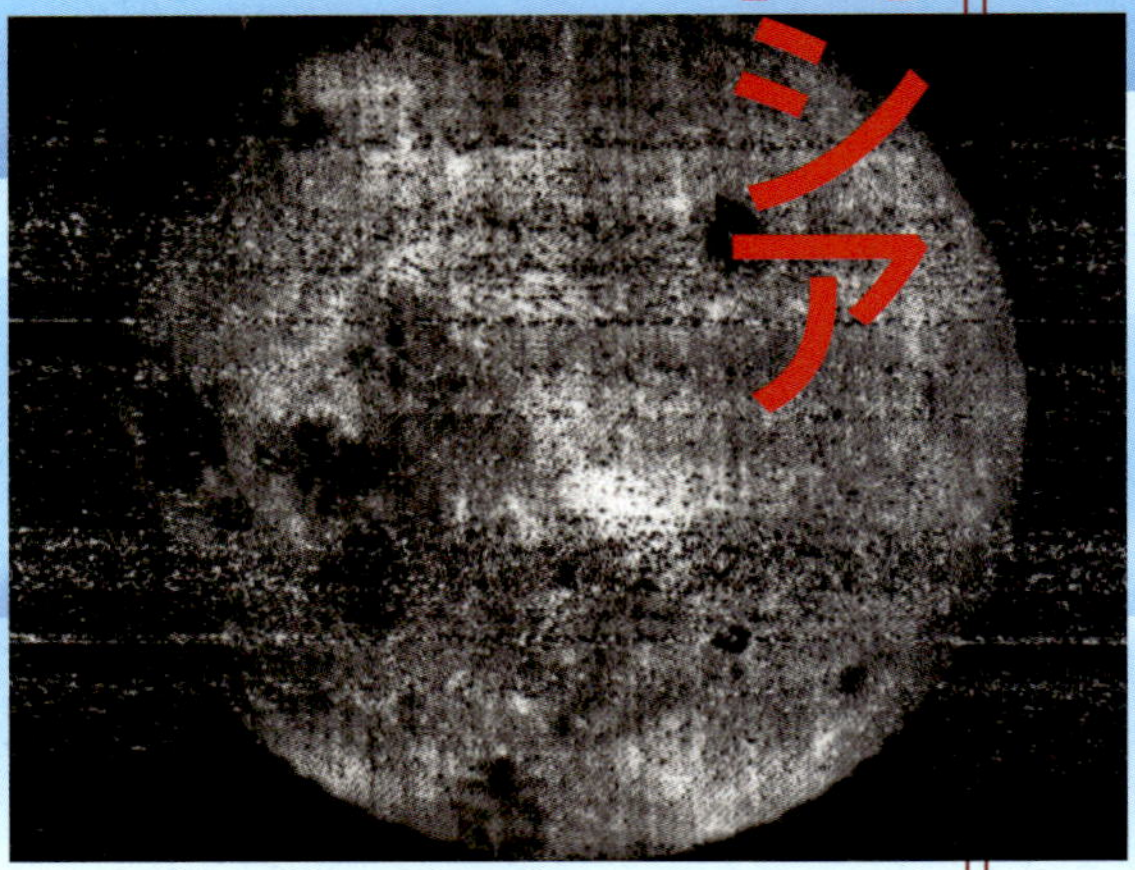

1959年10月7日、ルナ3号が撮影した月の裏側の画像。それまで地上からは月の裏側の観測ができなかったため、月の研究にとっても大きな成果となった。

アメリカよりも先に成功させた有人宇宙飛行

この時期、ソ連は常にアメリカの一歩先を歩んでいた。月探査を計画したアメリカが立てつづけに失敗する一方で、ソ連は1959年に「ルナ2号」

「ボストーク1号」の打ち上げの様子。

人類初の宇宙飛行士となったユーリ・ガガーリン。労働者階級出身の空軍パイロットであったガガーリンは、宇宙飛行成功後はソ連の広告塔となる。飛行に成功した4月12日はソ連の祝日となった。

The Huntsville Times

Man Enters Space

'So Close, Yet So Far,' Sighs Cape

U.S. Had Hoped For Own Launch

Hobbs Admits 1944 Slaying

Soviet Officer Orbits Globe In 5-Ton Ship

Maximum Height Reached Reported As 188 Miles

VON BRAUN'S REACTION:

'To Keep Up, U.S.A. Must Run Like Hell'

Praise Is Heaped On Major Gagarin

'Worker' Stands By Story

First Man To Enter Space Is 27, Married, Father Of Two

Reds Deny Spacemen Have Died

No Astronaut Signal Received At Ft. Monmouth

Reds Win Running Lead In Race To Control Space

Today's Chuckle

ガガーリンの有人宇宙飛行の成功を報じる新聞記事。

アメリカとソ連の宇宙開発競争

1950年代後半から1970年代初頭にかけて、熾烈な宇宙開発競争を繰り広げていたアメリカとソ連。「スプートニク1号」の打ち上げ成功、「ルナ」シリーズによる月探査の成功など、しばらくはソ連が常にアメリカをリードしていたが、巻き返しを図るべく体制を整えたアメリカに対し、ソ連は計画経済の行き詰まりから、次第に宇宙技術開発に十分な資金を投入できなくなり、やがて両者の技術力は逆転していった。そして、東西の冷戦終了とともに両国の競争状態は終わりを迎えた。

実施国	実施年月日	探査機・宇宙船名など	成果
ソ連	1957年8月21日	R-7ロケット	大陸間弾道ミサイル発射成功
ソ連	1957年10月4日	スプートニク1号	人工衛星打ち上げ成功
ソ連	1957年11月3日	スプートニク2号	地球周回軌道に犬を乗せた宇宙船を打ち上げる
アメリカ	1958年1月31日	エクスプローラー1号	人工衛星打ち上げ成功（ヴァンアレン帯の発見）
アメリカ	1958年12月18日	スコア計画	通信衛星打ち上げ成功
ソ連	1959年1月4日	ルナ1号	月近傍を通過（月衝突は失敗）
アメリカ	1959年2月17日	ヴァンガード2号	気象衛星打ち上げ成功
アメリカ	1959年8月7日	エクスプローラー6号	宇宙からの地球撮影に成功
ソ連	1959年9月14日	ルナ2号	月探査機、月面衝突に成功
ソ連	1959年10月7日	ルナ3号	月の裏側の撮影に成功
ソ連	1961年4月12日	ボストーク1号	有人宇宙飛行に成功
ソ連	1963年6月16日	ボストーク6号	女性宇宙飛行士による有人宇宙飛行に成功
ソ連	1965年3月18日	ボスホート2号	宇宙遊泳に成功
アメリカ	1965年7月	マリナー4号	火星近傍を通過、スイングバイに成功
アメリカ	1965年12月15日	ジェミニ6号／7号	周回軌道でのランデブー飛行に成功
ソ連	1966年2月3日	ルナ9号	月面への軟着陸に成功
ソ連	1966年3月1日	ベネラ3号	金星地表への探査機投入に成功
アメリカ	1966年3月16日	ジェミニ8号	衛星軌道上でのランデブー飛行とドッキングに成功（有人）
ソ連	1966年4月3日	ルナ10号	月周回軌道投入に成功、長期の月観測を実施
アメリカ	1966年6月2日	サーベイヤー1号	月面着陸に成功
ソ連	1967年10月30日	コスモス186号／188号	無人機による自動ドッキングに成功
ソ連	1968年9月18日	ゾンド5号	小動物を乗せた無人宇宙船、月軌道投入に成功
アメリカ	1968年12月24日	アポロ8号	有人による月周回に成功
アメリカ	1969年7月20日	アポロ11号	有人による月面着陸に成功
ソ連	1970年11月17日	ルナ17号	ローバー（ルノホート1号）による月面探査に成功
ソ連	1971年4月26日	サリュート1号	宇宙ステーションの運用開始
アメリカ	1971年11月14日	マリナー9号	火星軌道投入に成功
アメリカ／ソ連	1975年7月15日	アポロ宇宙船／ソユーズ19号	アポロとソユーズのランデブーとドッキングに成功

を月面に衝突させることに成功し、続く「ルナ3号」では初めて月の裏側を撮影している。また、1961年には金星探査機「ベネラ1号」を打ち上げ、金星近傍まで到達した。

そして、1961年4月12日に打ち上げた「ボストーク1号」で、ソ連はついに世界初の有人宇宙飛行に成功する。人類で最初の宇宙飛行士となったユーリ・ガガーリンを乗せ、ボストーク1号は地球を周回後、ロシアの牧場に着陸した。帰還後にガガーリンが語ったとされる「地球は青かった」という言葉は、瞬く間に世界中に広まった。

加えて、翌年の1962年にはふたり同時の宇宙飛行、1963年には初の女性宇宙飛行士、ワレンチナ・テレシコワの宇宙飛行を成功させている。

1975年にアメリカとソ連が共同で行った「アポロ・ソユーズテスト計画」の一環で、ドッキングするアポロ宇宙船と「ソユーズ19号」（イメージ図）。両国による宇宙開発競争の終わりを告げ、新たな時代の到来を感じさせるミッションだった。

宇宙利用分野でソ連の後塵を拝していたアメリカは、起死回生の一手として1961年に「アポロ計画」を発表する（アポロ計画については60ページ参照）。それに対し、ソ連も中断していた月探査計画「ルナ計画」を再開。1966年には「ルナ9号」を月面に軟着陸させて、地球との通信に成功し、「ルナ12号」も月周回軌道からの月面観測に成功した。

しかし、1969年7月に、アポロ11号の月面着陸成功以降、ソ連の宇宙開発におけるイニシアティブは、すっかりアメリカに奪われてしまった。

ソ連崩壊とともに国際協力の道を歩むロシア

ソ連がアメリカから遅れた原因のひとつとして、アメリカが宇宙開発をNASAに一元化したのに対し、ソ連ではいくつかの設計機関を競わせる形を取っていたからだと考えられている。内部抗争もあったとされるが、ソ連時代は秘密主義であったために情報が少なく、実際にどうなっていたのかはわからない。

その後、1970年代に入ってアメリカとソ連の緊張状態が緩和されるようになると、両国の宇宙開発競争も鎮静化していった。

1975年、アメリカとソ連は共同で「アポロ・ソユーズテスト計画」を行った。将来、共同で宇宙開発を進める際に必要なドッキングシステムの研究を目的に進められた計画で、アメリカのアポロ宇宙船とソ連の「ソユーズ19号」が地球周回軌道上でドッキングし、両船の乗組員が交流したことは、長らく続いた宇宙開発競争終焉の象徴といえるだろう。

ドッキングに成功し、ハッチ越しに対面するアポロとソユーズの宇宙飛行士たち。

1991年12月のソ連崩壊とそれに続く経済危機をきっかけに、ロシアの宇宙開発は徐々に開かれたものになっていく。やがて経済状況が回復したことによって、再びロシアは宇宙開発を加速させていった。ただし、以前と異なるのは、他国との共同研究・共同実験や、他国の人工衛星打ち上げなどを中心に行っている点だ。

現在、国際宇宙ステーション（ISS）への人員の移送は、ロシアの「ソユーズ宇宙船」が一手に引き受けている。また、ロシアの「プログレス補給

ガガーリン宇宙飛行士訓練センター内の訓練用モジュール。同センターはモスクワ近郊の「スターシティ（星の街）」にあり、街には宇宙飛行士とその家族、関係者が住んでいる。かつては秘密の都市として厳重に警備されていた。

国際的な宇宙開発シーンに貢献するロシア

ソ連崩壊後、深刻な経済危機から立ち直ったロシアは宇宙開発を再開するが、それまでとは違い、他国と共同で宇宙開発に取り組む方針に転換している。「スペースシャトル」の引退後には、国際宇宙ステーション（ISS）への有人輸送を一手に引き受けるほか、他国の人工衛星打ち上げに協力したり、ISSへ向かう宇宙飛行士や民間の宇宙旅行者の訓練を行っている。

「ソユーズロケット」。ソユーズ宇宙船や「プログレス補給船」、商用打ち上げなどに利用され、「世界でもっともよく打ち上げられるロケット」といわれる。

ISSにドッキングしている「ソユーズ宇宙船」。現在ではISSとの有人輸送を行える唯一の宇宙船だ。

プログレス補給船。ソユーズ宇宙船をもとに改良、自動化された無人の貨物輸送船で、ISSへ物資を運び、廃棄物を回収して大気圏へ突入、焼却処分される。

船」も、ISSへの物資輸送に欠かすことのできない存在だ。

さらに、ISSクルーの訓練もロシアで行われており、国際協力の元に進められている宇宙開発において、ロシアはアメリカと並び、非常に重要な役割を担っているのである。

世界中が宇宙を利用する時代に

世界各国の宇宙開発事情

一丸となって進むヨーロッパの宇宙開発

米ソの宇宙開発競争が激化する一方で、ヨーロッパでも宇宙開発は行われていた。たとえば、フランスは1965年に世界で3番目となる人工衛星打ち上げに成功し、イギリスも1971年に人工衛星を打ち上げるなど、諸国が独自に宇宙開発を進めている状況であった。

しかし、各国が単独で研究していて

欧州宇宙研究機構（ESRO）初の科学衛星「ESRO-2」。アメリカの協力により、1968年5月17日に打ち上げに成功した。

「アリアン5号」の打ち上げの様子。ESAは人工衛星の打ち上げ用にアリアンシリーズを開発、民間衛星の商用打ち上げを行い、これまでの世界の打ち上げ実績で約半分を占めている。

は、米ソの宇宙開発競争に対抗できないとして、ヨーロッパ全体が協力して宇宙開発にのぞむ道を模索することとなる。

1962年、ヨーロッパ独自のロケット開発を目指して欧州ロケット開発機構（ELDO）が設立され、同じ年に欧州宇宙研究機構（ESRO）も設立された。そして、1975年にESROがELDOを吸収する形で、欧州宇宙機関（ESA）が発足した。

ESAの発足当時は、フランス、イギリス、ベルギー、ドイツ、オランダ、スイス、イタリア、スペイン、デンマーク、スウェーデンの10か国が参加。現在では20か国が参加している。

本部はフランスのパリに置かれ、予算は参加各国が分担しているが、拠出額の多いフランス、ドイツ、イタリアの発言力が強い。1979年に「アリアンロケット」を開発し、民間衛星の商業打ち上げで実績をあげているほか、国際宇宙ステーション（ISS）では観測用モジュール「キューポラ」と欧州補給機（ATV）による物資輸送を担当している。

なお、ESAは「ヨーロッパの発展」という目標を欧州連合（EU）と共有しており、EUはESAの資金のうち20パーセントを供出しているが、ESAはEUの直接の下部組織、あるいは専門機関というわけではない。

欧州宇宙機関（ESA）が1985年7月に打ち上げたハレー彗星探査機「ジオット」（イメージ図）。1986年のハレー彗星接近に際して、近距離からハレー彗星の撮影を試みた。

ESA加盟国と協力協定国のEU加盟の状況

ESA加盟国	EU加盟
オーストリア	○
ベルギー	○
チェコ	○
デンマーク	○
フィンランド	○
フランス	○
ドイツ	○
ギリシャ	○
アイルランド	○
イタリア	○
ルクセンブルク	○
オランダ	○
ノルウェー	×
ポーランド	○
ポルトガル	○
ルーマニア	○
スペイン	○
スウェーデン	○
スイス	×
イギリス	○

ESA協力協定国	EU加盟
カナダ	×
ハンガリー	○
エストニア	○
スロベニア	○

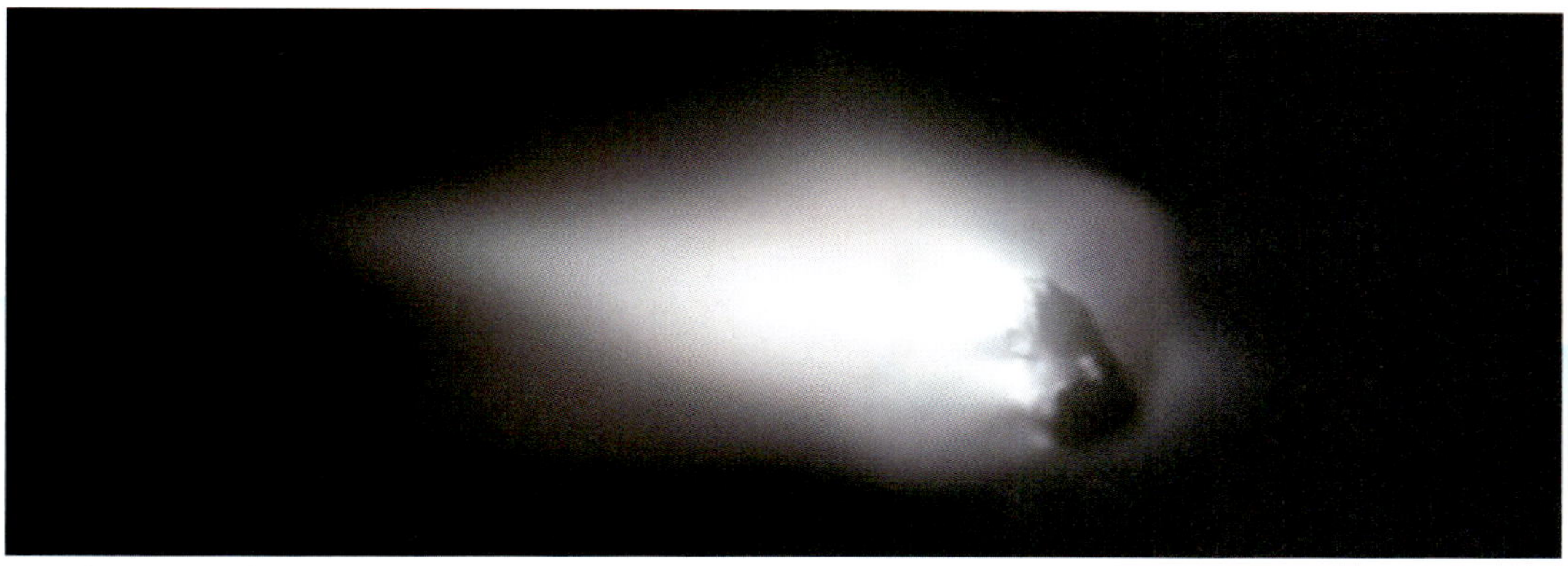

1986年3月13日、ジオットが撮影したハレー彗星の核の様子。ハレー彗星に600キロメートルの位置まで接近した。

ESAは独自の計画だけでなく、NASAとの共同ミッションを数多く行っている。現在運用中の太陽観測機「SOHO」（イメージ図）もそのうちのひとつだ。

ESAが国際宇宙ステーション（ISS）用に製造した観測用モジュール「キューポラ」。1枚の天窓と6枚の窓を持ち、キューポラの設置によって視界が広がり、地球観測だけでなく船外作業の様子なども見ることができるようになった。

ESAが開発した「欧州補給機（ATV）」。ISSへの物資補給を目的に作られた無人補給機で、約7.6トンの補給品を搭載できる。物資補給後はISSの不要品を回収して分離、大気圏に再突入して廃棄される。

EUが超国家的組織であるのに対し、ESAはあくまでも政府間組織であり、両者の関係は協力枠組み合意（つまり契約）によって成り立つとしている。

目覚ましい進歩を遂げた中国の宇宙技術

近年、宇宙開発のニュースで取り上げられることが多い中国だが、研究自体は1950年代から始められていた。中国初の人工衛星「東方紅1号」は、日本初の人工衛星「おおすみ」（83ページ参照）の打ち上げから約2か月半後の1970年4月24日、軌道投入に成功している。この成功によって、中国は世界で5番目に人工衛星を打ち上げた国となった。

ソ連崩壊後、旧ソ連のロケット技術を入手した中国は、2003年に「神舟5号」による有人宇宙飛行、2007年には「嫦娥《じょうが》1号」による月探査を成功させ、世界で3番目に自国の技術で人間を宇宙に送り出した国となる。

2011年9月には、小型の宇宙ステーション「天宮1号」が打ち上げられ、翌年には人間が滞在する宇宙ステーションとしての運用が開始された。中国は、2020年ごろまでに独自の宇宙ステーションを構築する計画だ。

さらに、2013年12月には、「嫦娥3号」を月面へ軟着陸させることに成功、ロシア、アメリカに続いて3番目に、月面へ宇宙機を着陸させた国となった。

新興国の参入で宇宙開発は新ステージへ

インドも積極的に宇宙開発を行って

中国の宇宙ステーション計画の一環で、2011年9月29日に打ち上げられた「天宮1号」（イメージ図）。

イラストレーション＝久保田晃司

いる国である。独自の打ち上げロケットを保有し、自国の人工衛星を多数打ち上げているだけでなく、2008年10月には「チャンドラヤーン1号」による月探査にも成功している。

神舟9号から天宮1号に乗り移った3名の宇宙飛行士（酒泉衛星発射センターの中継画像より）。そのうちの1名は中国初の女性宇宙飛行士だ。

2012年6月16日、中国の有人宇宙船「神舟9号」を搭載した打ち上げロケット「長征2号F」の打ち上げの様子。同月24日、神舟9号は軌道上を周回する天宮1号と、宇宙飛行士の主導操作によるドッキングに成功した。

2008年10月22日、インドのサティシュ・ダワン宇宙センターから打ち上げられた「チャンドラヤーン1号」の打ち上げの様子。チャンドラヤーン1号は、翌年8月29日に通信が途絶するまで、月の周りをおよそ3400回周回し、月面に関する膨大なデータを収集した。

また、日本の準天頂衛星「みちびき」と同様に、独自の測位衛星計画も進行中であるほか、2013年5月には、火星軌道投入を目的とした探査機「マーズ・オービター・ミッション」が打ち上げられており、2014年末には火星に到達する予定だ。

一方、月面探査計画として2013年に打ち上げを予定していた「チャンドラヤーン2号」は、月面ローバーなどを担当するロシアが計画から離脱したために、計画を修正することとなった。独自の月面着陸船と月面ローバーを搭載したチャンドラヤーン2号は、2016〜2017年ごろに打ち上げの予定となっている。

国際宇宙ステーション（ISS）に参加しているブラジルも、国産ロケットの打ち上げを目指している。これまでに3回打ち上げに挑戦しているが、いずれも失敗に終わった。一時、開発は凍結されていたが、2010年に研究を再開、2018年ごろまでに人工衛星を打ち上げる計画だ。

そして、韓国も2013年1月、ロシアから提供された「アンガラ・ロケット」を第1段目とした「羅老《ナロ》号」による人工衛星の打ち上げに成功し、イランも2009年2月に自前のロケットで人工衛星を打ち上げている。

このように、宇宙開発は今や特定の国だけのものではなく、各国が競争・協力しながら進めていく事業となったのである。

自国で開発したロケットで初の人工衛星打ち上げに成功した国

順位	国	打ち上げ年	ロケット	人工衛星
1	ソビエト連邦	1957	スプートニク-PS	スプートニク1号
2	アメリカ	1958	ジュノーI	エクスプローラー1号
3	フランス	1965	ディアマンA	アステリックス
4	日本	1970	L-4S	おおすみ
5	中国	1970	長征1号	東方紅1号
6	イギリス	1971	ブラック・アロー	プロスペロ
-	欧州宇宙機関（ESA）	1979	アリアン1号	CAT-1
7	インド	1980	SLV	ロヒニ1号
8	イスラエル	1988	シャヴィト	オフェク1号
-	ウクライナ	1991	ツィクロン3号	ストレラ
-	ロシア	1992	ソユーズU	コスモス2175号
9	イラン	2009	サフィール2	オミド
10	北朝鮮	2012	銀河3号	光明星3号2号機
-	韓国	2013	羅老（KSLV-1）	STSAT-2C

※ESAは順位には含めない
※ウクライナとロシアは旧ソ連からの技術継承によるため、順位には含めない
※韓国はロシアの機体を一部使用し、自国単独でのロケット開発でないため、順位には含まない

宇宙に浮かぶ国際協力と平和のシンボル
国際宇宙ステーションが拓く新たな未来

上空400キロメートルを飛行する宇宙実験場
国際宇宙ステーション（ISS）

15か国が共同で運用する国際宇宙ステーション（ISS）。2011年7月21日、スペースシャトル「アトランティス号」によるラストミッション完了をもって、ISSはついに完成を迎えた。

国際宇宙ステーション（ISS）は、その名前の通り、アメリカ、ロシア、ヨーロッパ、日本をはじめ、計15か国が協力して建造・運用されている宇宙ステーションだ。大きさは、長さ72・8メートル、幅108・5メートルで、サッカーフィールドに近いサイズだ。複数のモジュールを組み合わせた構造で、重さは約420トンにもなる。

ISSは地上から約400キロメートルの上空を、時速2万7700キロメートル程度の速度で周回している。約90分で地球を一周する計算だ。条件がよければ、地上から上空を移動するISSを肉眼で見ることもできる。

ISSの主な目的は、宇宙という特殊な環境を利用して、さまざまな実験や研究を長期間行うための場所を確保すること、また、そこで得られた成果を生かし、科学技術の発展と産業や生活に役立てることにある。

宇宙空間を飛ぶISSでは、地上に比べて重力の影響をほとんど受けない微小重力環境であるため、地上ではできない実験を行ったり、地上とは異なる現象を利用した実験を行うことができるのだ。

ISSに滞在するクルーは、現在は約6か月ごとに交代しており、滞在中は科学実験やISSの保守作業にあたっている。2013年11月～2014年5月の第38次／第39次長期滞在ミッションでは、後半の第39次長期滞在に

組み立て初期のISSの様子。右上からアメリカのモジュール「ユニティ」、ロシアの「ザーリャ」と「ズヴェズダ」が結合された状態で、左下には「プログレス補給船」がドッキングしている。ISSの建設は、ザーリャとユニティの接続からスタートした。

微小重力が動物の個体にどのような影響を与えるかを調べるために、「きぼう」に運ばれたメダカ。生命科学分野の実験も、宇宙における実験の重要なテーマだ。

ISSの大きな目的のひとつは、宇宙でのさまざまな科学実験にある。写真は2001年9月に、古川聡宇宙飛行士が「きぼう」日本実験棟内で実施した教育ミッション「宇宙ふしぎ実験」の様子。微小重力下でも静電気は起こるか実験したところ、地上と同様に静電気が発生することを確認した。

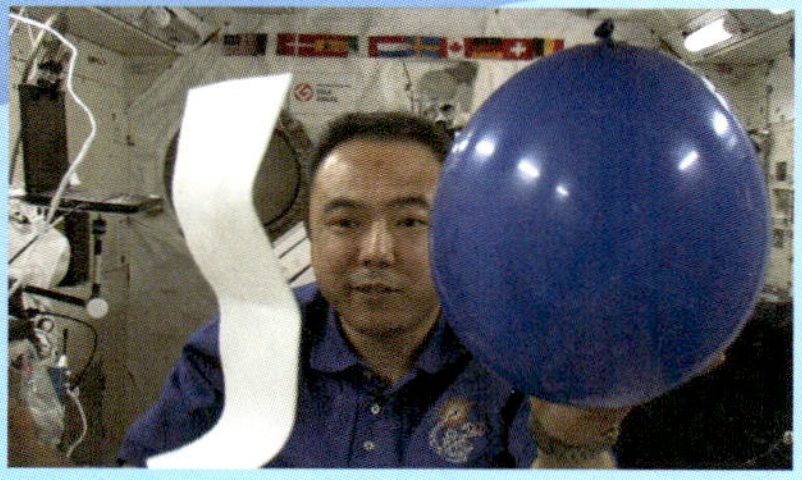

欧州実験棟「コロンバス」の内部のイメージ。ISSの実験室では「ラック」と呼ばれる収納装置に、実験装置や物資などが収められており、宇宙飛行士は必要なラックを引き出して実験などを行う。

⑨カナダアーム2／カナダ
ISSの組み立てや整備、船外活動などに使用されるロボットアームで、カナダの企業が開発・製造したため、こう呼ばれている。ISSの組み立てに重要な役割を果たした。

④ズヴェズダ／ロシア
居住空間や生命維持装置を備えたISSのロシア部分の中心となるモジュール（写真の下段部分）。2000年に打ち上げられ、これにより初めて宇宙飛行士の長期滞在が可能になった。ふたりの宇宙飛行士がここで生活できる。

①デスティニー／アメリカ
健康や安全、人々の生活の質を向上させるための、幅広い範囲の実験や研究に利用される実験棟。微小重力下での実験は、将来の月や火星への有人宇宙飛行のために役立つと考えられている。

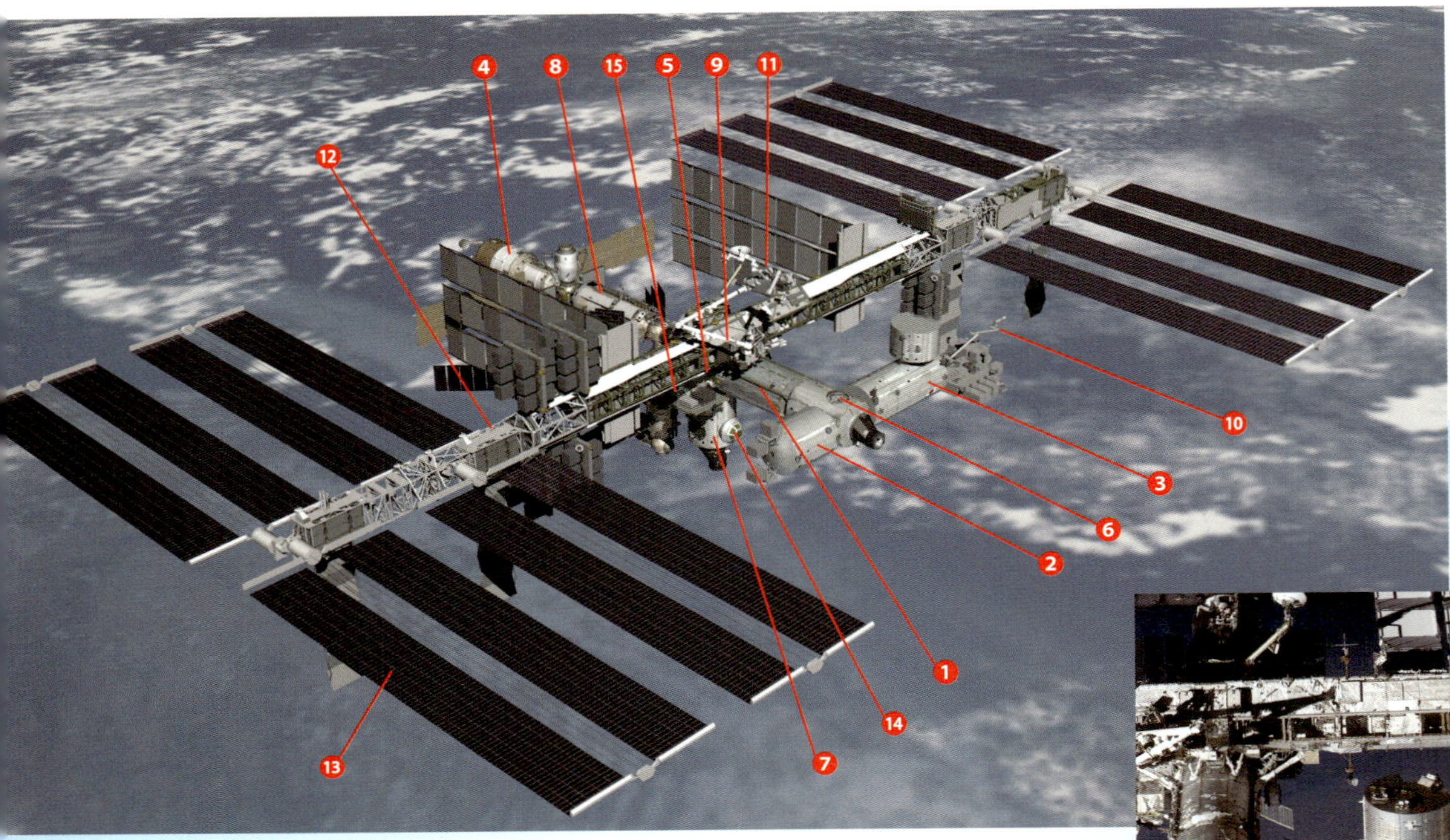

②コロンバス／ヨーロッパ
ISSに対するESA最大の貢献が、直径4.5メートルの実験棟「コロンバス」だ。生命、物質科学、流体物理学など広範囲の実験を行う。

③「きぼう」日本実験棟／日本
2009年7月に完成した日本初の有人実験施設。ISS中最大の実験モジュールである。船内実験室と船外実験プラットフォームのふたつの実験スペースで構成され、微小重力環境や宇宙放射線などを利用した科学実験が行われている。

ISSの主な施設

種類	名称	内容
実験モジュール	❶デスティニー（米国実験棟） ❷コロンバス（欧州実験棟） ❸「きぼう」日本実験棟	宇宙飛行士が実験や研究を行う場所
居住モジュール	❹ズヴェズダ	宇宙飛行士の生活の場。個室（寝室）、トイレ、運動器具、調理設備などがある
ノード（結合モジュール）	❺ユニティ（第1結合部） ❻ハーモニー（第2結合部） ❼トランクウィリティー（第3結合部）	モジュール同士をつなぐ接続部。倉庫の役割を果たすほか、個室（寝室）もある
基本機能モジュール	❽ザーリャ	ISS最初のモジュール。荷物の保管等に利用されている
ロボットアーム	❾カナダアーム2 ❿「きぼう」ロボットアーム ⓫デクスター（特殊目的ロボットアーム）	モジュール等の大型パーツをISSに取りつけるときなどに使用される
⓬トラス	P1トラス、P3～P6トラス S0～S1トラス、S3～S6トラス Z1トラス	ISSの「背骨」にあたる柱状の構造物で、太陽電池パドルなどが取りつけられる
その他	⓭太陽電池パドル ⓮キューポラ ⓯クエスト（エアロック）	太陽光を電力に変換し、ISSに必要な電力を供給する 7枚の窓とロボットアームの操作盤を備えた小型ユニット ISSで船外活動をする際の出入り口

おいて、若田光一宇宙飛行士が日本人宇宙飛行士として初めてISSの船長（コマンダー）を務めている（日本人宇宙飛行士については94ページ参照）。

どのような経緯でISSは誕生したのか？

1971年、アポロ計画によってアメリカに先行されていたソ連（現・ロシア）は、地球周回軌道上で宇宙ステーション「サリュート」と「ソユーズ11号」のドッキングを成功させ、宇宙空間での長期滞在ミッションに先鞭をつけた。1986年には、サリュートの後継宇宙ステーション「ミール」を打ち上げている。

一方、アメリカも国民の関心が薄くなった月探査計画から、長期的な宇宙環境利用へと方針を変更し、1973年に宇宙ステーション「スカイラブ」を打ち上げた。1980年代に入って、NASAは宇宙ステーション計画を進めるため、国内調整を開始するとともに、非公式ではあったが国外との連携も模索していた。そこで、日本は1982年に、科学技術庁（当時）の長官がNASA長官へ宇宙ステーション計画への参加意向を伝えた。

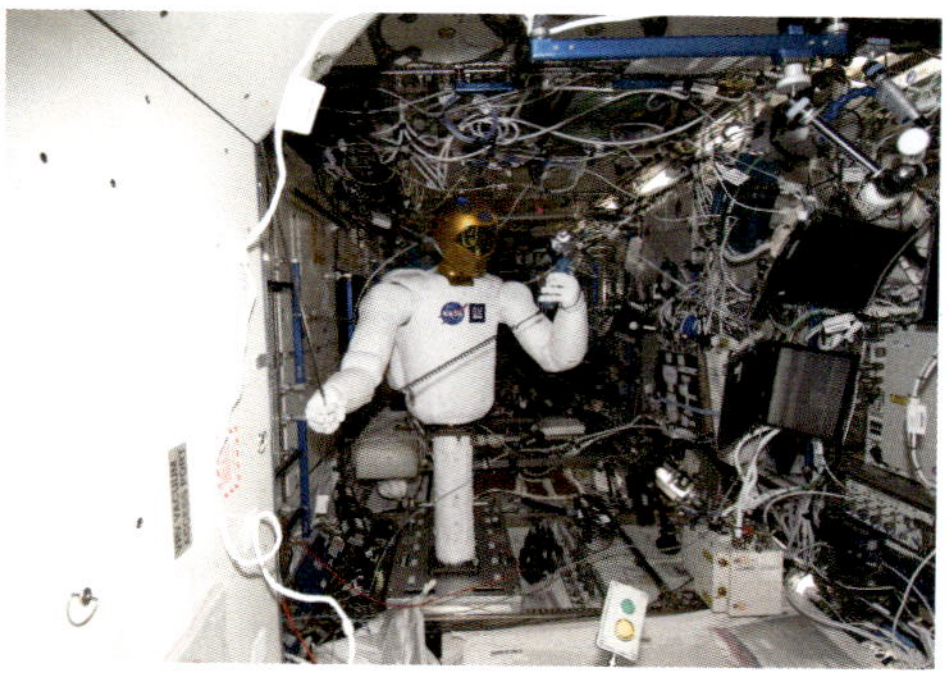
ISSクルーの作業負担の軽減を目的に開発された上半身型ヒューマノイドロボット「ロボノート2」。2011年にISSへ運ばれたのち、2014年4月には「脚」が搬入されている。

1984年、アメリカのロナルド・レーガン大統領（当時）は、「フリーダム宇宙ステーション」の建設計画を発表し、日本やヨーロッパ、カナダに参加を呼びかけた。また、同年に開催されたサミット（先進国首脳会議）では、宇宙ステーション計画についての話し合いも持たれた。その翌年、日本は実質上の参加決定を行い、実験モジュールの建造が進められることとなった。

1993年になり、ロシアも計画に加わったことで、ロシアがこれまで培ってきた宇宙ステーション技術を利用できるようになった。そこで計画が練り直され、現在のような国際協力による宇宙ステーション計画として再スタートを切ったのである。

運用が始まったISSとこれからの予定

ISSは、1998年10月に打ち上げられたロシアの「ザーリャ」を皮切りに、アメリカとロシアが作成した5つの予圧モジュールを中心として、組み立てや修理作業に使用するロボットアーム、ヨーロッパや日本の実験棟、姿勢制御装置や通信装置などを備えたトラス、ISSで使用する電力をまかなう太陽電池パドルなど、各要素（パーツ）が徐々に組み立てられていった。

組み立て作業が開始されてからおよそ13年後の2011年7月、最後のモジュールとなる多目的補給モジュール「ラファエロ」が組み込まれ、参加15か国の協力によって、ISSはついに完成を迎えた。

ISSの運用は、当初は2015年ごろまでとされていたが、のちに協力国が「ISSのすべての能力を使いきる」という認識で一致し、2020年までの運用が決まった。そして、2014年にはさらに2024年までの運用延長が決定された。

しかし、いずれはISSの運用を終了させる日が来る。役目を終えたISSをどうするのだろう。ロシアはかつて建設した宇宙ステーション「ミール」の運用が終了した2001年に、太平洋に落下させた経験にもとづき、「軌道上に放置せず、海に落下させる」と表明している。

莫大な予算と長い年月を費やして作り上げたISSを壊してしまうのは残念なことだが、そのまま軌道上に放置すれば宇宙ゴミ（スペースデブリ）となってしまい、今後の宇宙開発の妨げにもなりかねない。せめて、ISSの運用が終了になるまでは、人類の将来に役立つ多くの実験結果が得られることを期待したいものだ。

ISSから撮影されたオーロラの様子。地上で見るオーロラとはまた違った幻想的な美しさだ。地球が見せるさまざまな表情は、ISS内の宇宙飛行士にも大きな安らぎを与えているという。

日本の宇宙開発の歴史①

ゼロから始まった日本の宇宙開発

世界から取り残された日本の航空技術

今やアメリカやロシア、ヨーロッパと並ぶ宇宙開発先進国となった日本だが、ここにいたるまでの道のりは決して平坦ではなかった。

第2次世界大戦で敗れる前、日本の航空産業は世界のトップレベルにあったといっても過言ではない。しかし、終戦によって状況は大きく変化した。連合国軍最高司令官総司令部（GHQ）の命令によって、航空関連の研究開発や航空機の製造がすべて禁止されてしまったからである。

再び航空技術研究が行えるようになったのは、1951年9月にサンフランシスコ講和条約が調印され、翌年4月に発効してからだ。そのころ、すでに世界ではプロペラ機からジェット機へと主流が移り、また、ドイツが生み出した「V2ロケット」の技術を元にしたロケットエンジン開発も進められていた。

こうした世界の状況を知った糸川英夫は、「日本はジェットエンジンの開発では遅れをとったが、ロケットはこれからでも世界に追いつける」と考え、1953年、当時在籍していた東京大学生産技術研究所（東大生研）にAVSA（Avionics and Supersonic

「ペンシルロケット」を手にする糸川英夫教授。1912年東京生まれで、東京帝國大学を卒業後、中島飛行機に入社。戦後、東京大学教授に就任、渡米した際にロケット旅客機の構想を得てロケット開発に邁進する。その功績から「日本の宇宙開発の父」と称される。

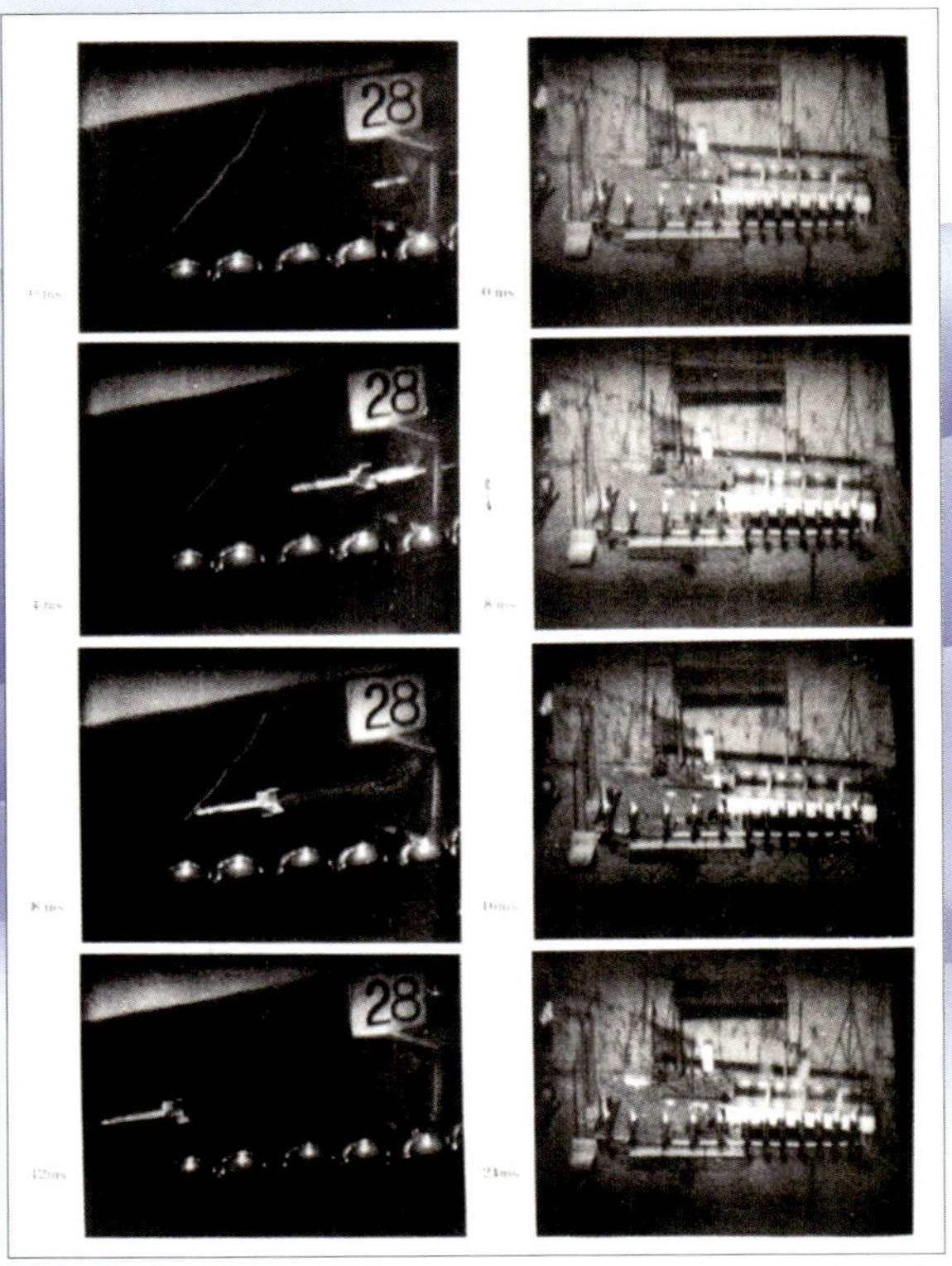

高速度カメラで撮影したペンシルロケットの水平発射実験の様子。実験は半地下に掘られた豪で行われた。戦後の日本における宇宙開発の歴史は、この実験の成功から始まったといえる。

1951年9月8日、サンフランシスコ平和条約に署名する吉田茂首相。日本と連合国の戦争状態の終結、日本国民の主権の回復などを盛り込んだ同条約の締結により、占領下にあった際のさまざまな制約も解消された。

Aerodynamics：航空および超音速空気力学）研究班を組織した。

糸川はロケット開発に協力してくれるメーカーを探して奔走したが、資金や資材集めは難航した。現在のパナソニックを一代で築き上げた松下幸之助に協力を求めた際には、「糸川先生、そいなもん儲かりまへんで。50年先の話や」とにべもなく断られたという。

ペンシルロケットから始まったロケット開発

そのような苦労を重ねながら、糸川は関連数社からの協力を取りつけた。さらに、戦時中に使用された無煙火薬を入手し、かつて航空機の機体として使用されていたジュラルミンでロケットの機体を作成することになった。

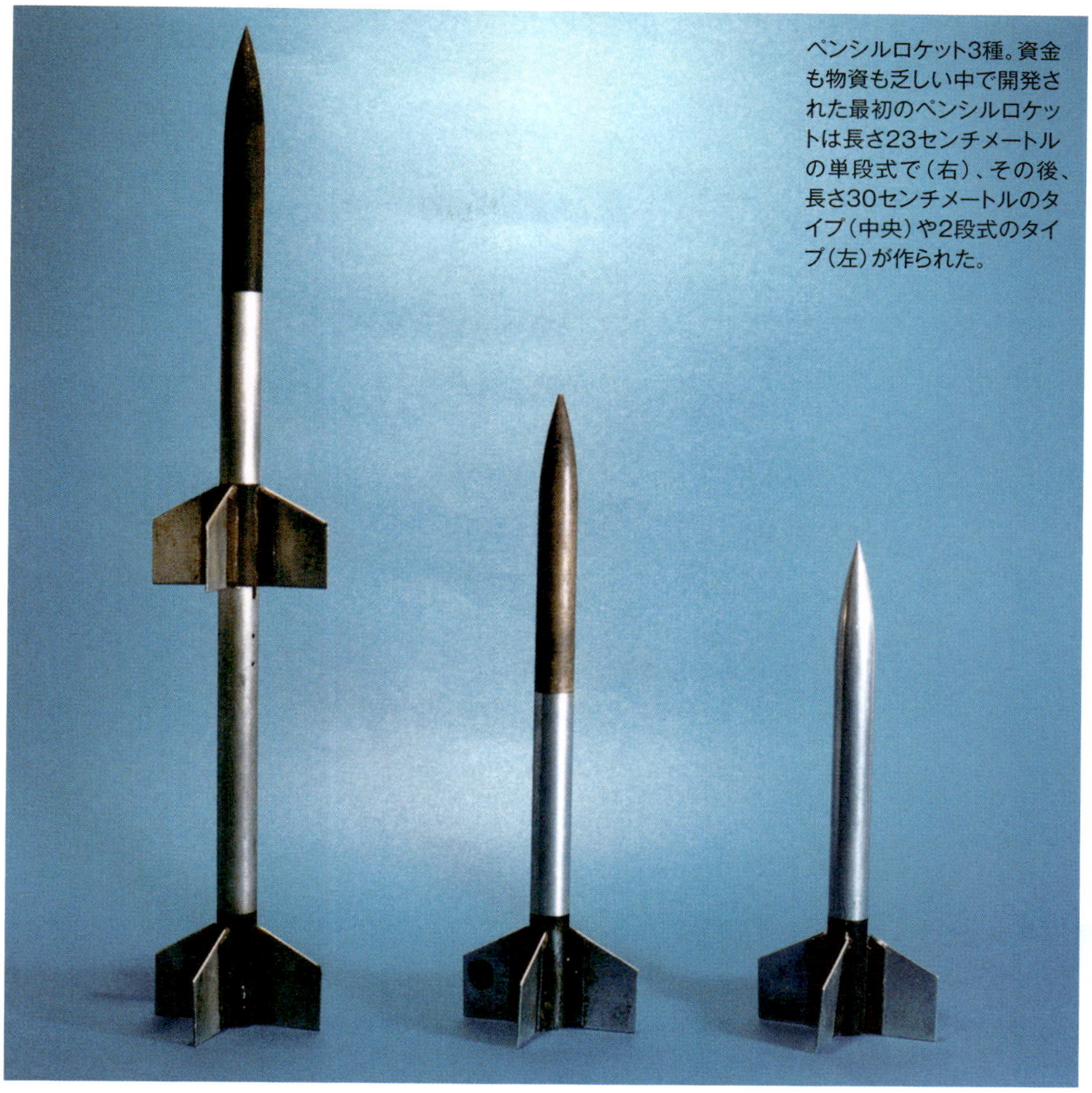
ペンシルロケット3種。資金も物資も乏しい中で開発された最初のペンシルロケットは長さ23センチメートルの単段式で（右）、その後、長さ30センチメートルのタイプ（中央）や2段式のタイプ（左）が作られた。

いくつかの小型ロケットが試作される中で、ようやく生み出されたのが、のちに「ペンシルロケット」の愛称で知られることとなる、日本初の実験用ロケット（開発名：タイニーランス）である。それは、火薬の寸法に合わせた長さ23センチメートル、外径18ミリメートル、重さ202グラムの超小型ロケットだった。

ペンシルロケットが初めて発射実験に成功したのは、1955年4月のことだ。実験当初は、空に向かって打ち上げるための用地が確保できなかったため、実験に使われたのは東京国分寺にあった拳銃の製造工場跡で、しかも水平方向への発射実験であった。

ペンシルロケットの上空への発射実験は、同年8月になってようやく実現

1955年8月6日、道川海岸において実施された第1回発射実験の様子。15時32分に打ち上げられたペンシルロケットは到達高度600メートル、水平距離700メートル、飛翔時間16.85秒を記録した。

国分寺の実験施設が狭くなったため、実験場所は千葉の東京大学生産技術研究所へ移された。実験ピットは、同研究所にあった長さ50メートルの船舶用実験水槽を改造したものだ。

秋田県の道川海岸に設置されたロケットセンター。

する。関係者や報道陣が見守る中、秋田県由利郡（現・由利本荘市）の道川海岸に作られた発射場から打ち上げられたペンシルロケットは、高度600メートルに到達、発射実験は見事に成功した。のちに糸川は、「逆境こそが人間を飛躍させる」という言葉を残している。

糸川教授と「ベビーロケット」。彼の熱意と努力が大きな原動力となり、日本のロケットと宇宙開発は発展したといえる。小惑星探査機「はやぶさ」が到達した小惑星イトカワは、彼の功績にちなんで命名された。

ランチャーに設置された「K-1」型カッパロケット。1956年9月に打ち上げられた初号機は、高度10キロメートルに達した。

ロケットの大型化とカッパロケットの誕生

ペンシルロケットの実験によって得られたデータを元に、長さ120センチ、外径8センチメートル、重さ約10キログラムの2段式ロケットである「ベビーロケット」（開発名：ベビーランス）が開発された。ベビーロケットは1955年8月から12月にかけて打ち上げが行われ、高度6キロメートル程度まで到達した。

ベビーロケットの後には、「アルファ」（元の開発名：フライング・ランス）から「ベータ」「カッパ」

「K-6」型の発射の瞬間。1958年6月に最高高度40キロメートルを記録し、上層大気の風・気温等の観測結果とともに同年9月、国際地球観測年（IGY）に参加した。

人工衛星打ち上げ用 国産固体燃料ロケットの歩み

ペンシルロケットは開発当時、比較的入手が容易だったことから固体燃料が採用された。そのため、日本のロケット開発の歴史は固体燃料を主体として始まったといえる。図では「おおすみ」の打ち上げに成功したL-4S以降の主なロケットを紹介している。

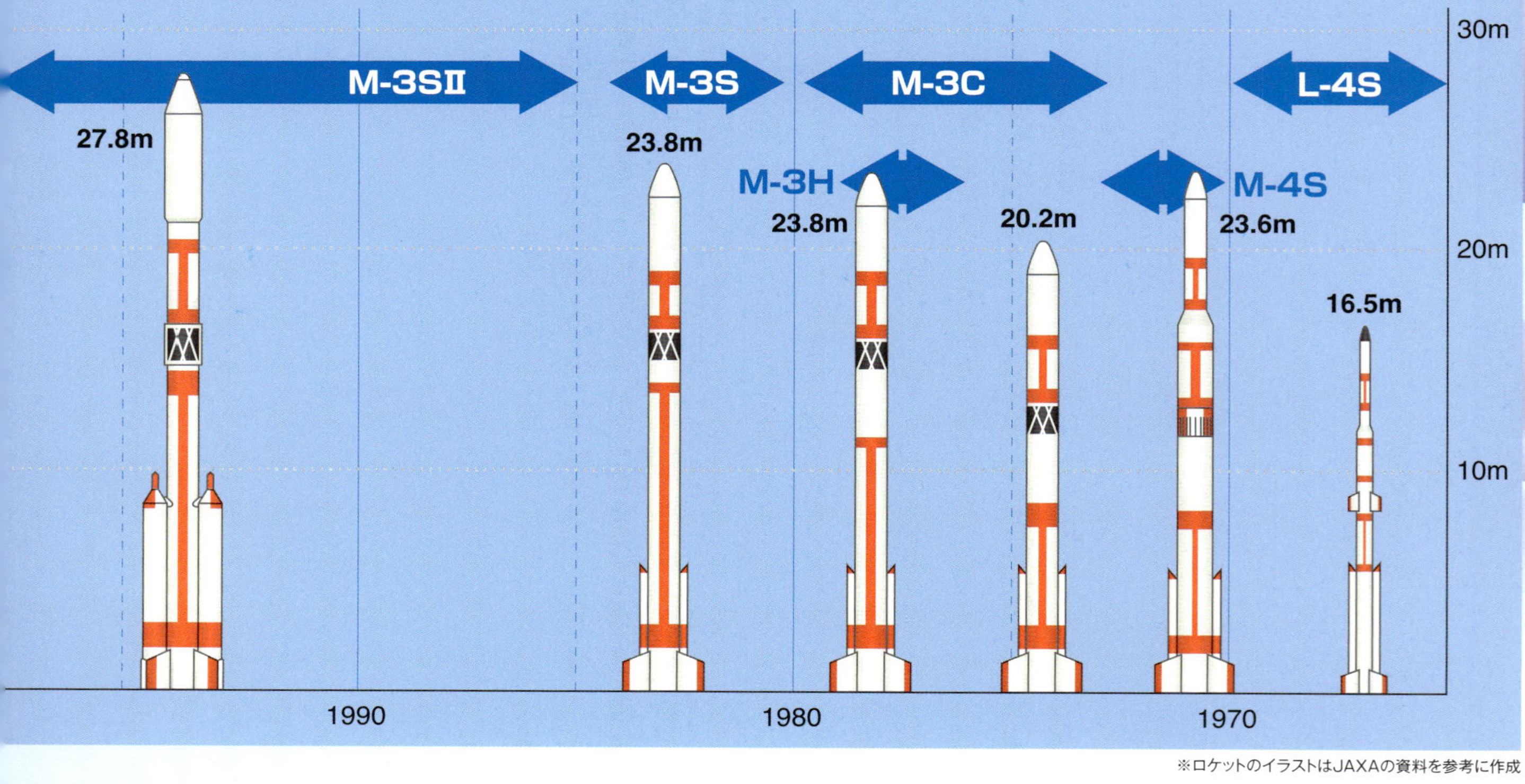

※ロケットのイラストはJAXAの資料を参考に作成

1970年2月11日、宇宙空間観測所から打ち上げられた「L-4S」型ラムダロケット5号機。人工衛星「おおすみ」を無事に衛星軌道へ送り届けた。

鹿児島県内之浦の東京大学鹿児島宇宙空間観測所(現在の内之浦宇宙空間観測所)。1962年に起工式が行われ、建設が開始された。人工衛星「おおすみ」の打ち上げ時には、一部の施設はまだ完成していなかった。

日本初の人工衛星「おおすみ」。全長10メートル、最大直径4.8メートルの工学実験衛星で、ロケットが打ち上げられた宇宙空間観測所のある大隅半島にちなんで名づけられた。

「オメガ」と徐々に大型化していく計画だった。

だが、1957年から始まる国際的な研究プロジェクトである国際地球観測年（IGY）へ日本の参加が決まったことで、計画を加速させて「カッパ（K）ロケット」が作られることになった。

1956年9月、カッパロケットは初飛翔に成功、1958年6月には改良を加えた「K－6」型が高度40キロメートルに到達した。ペンシルロケットの実験成功から、わずか3年後のことだった。

ついに日本初の人工衛星打ち上げに成功

1963年12月、カッパロケットの後継である「ラムダ（L）ロケット」2号機が、鹿児島県内之浦に建設された東京大学鹿児島宇宙空間観測所（KSC）から打ち上げられた。そして、1970年2月11日、内之浦から「L－4S」型ラムダロケット5号機が打ち上げられ、日本初の人工衛星「おおすみ」の軌道投入に成功。この日、日本は世界で4番目に人工衛星を打ち上げた国となったのである。

発射からおよそ2時間半後、「おおすみ」からの信号を受信し、地球を周回してきたことが確認された。その後、電波の受信レベルは徐々に低下し、14～15時間後には受信できなくなった。

しかし、送信が停まった後も「おおすみ」は30年以上も地球を回りつづけ、2003年、大気圏に突入して燃え尽きた。現在、日本の宇宙開発を担っている宇宙航空研究開発機構（JAXA）が誕生する直前のことだった。

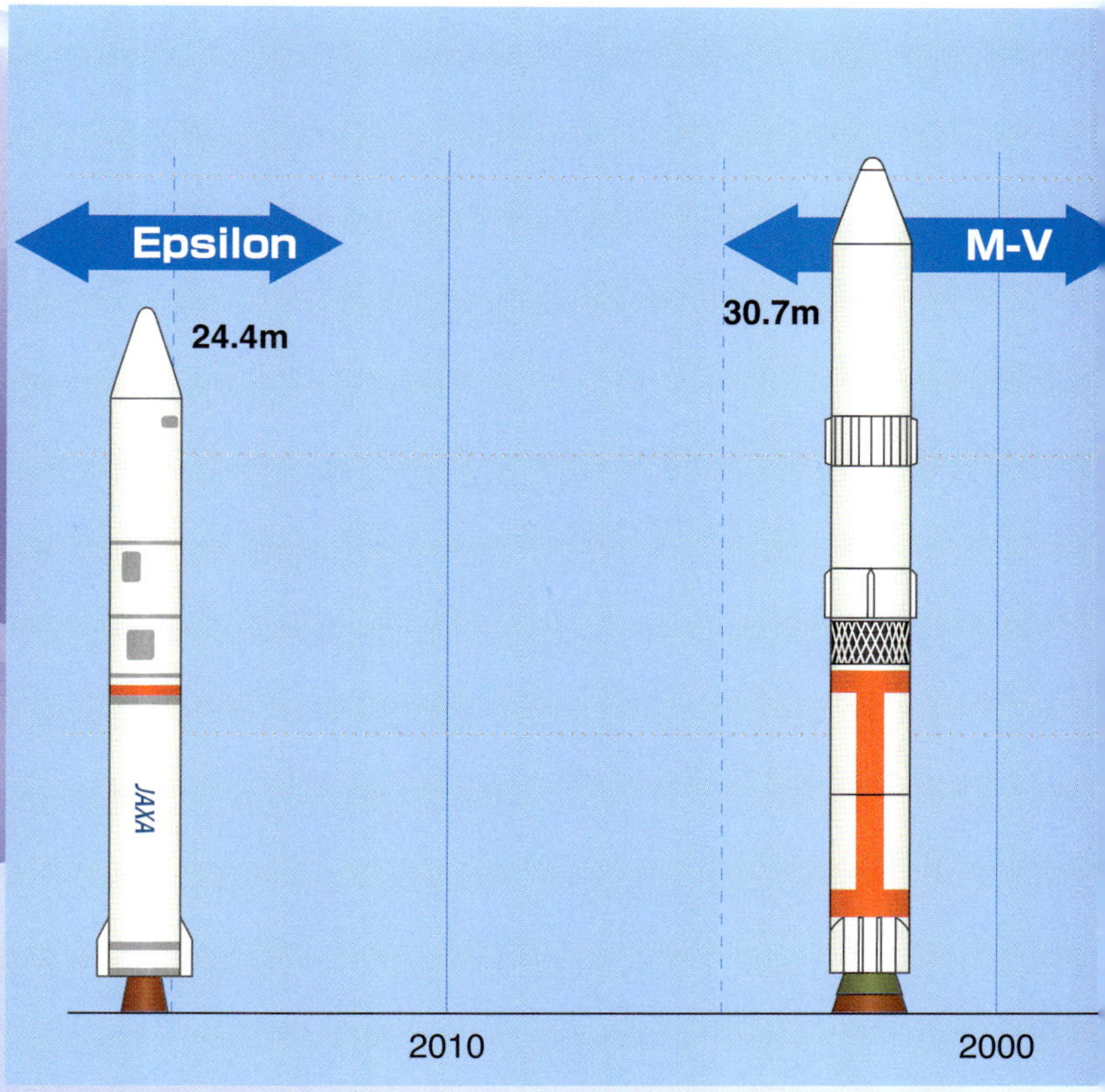

日本の宇宙開発の歴史②

独自技術による国産大型ロケットの開発

必要性が高まる気象衛星と大型ロケット

糸川がペンシルロケットの初実験に成功した1955年、総理府（現・内閣府）の管轄下に航空技術研究所が設置され、翌年には科学技術庁の付属機関となる。1963年に、航空技術研究所は航空宇宙技術研究所（NAL）と改称し、ロケットエンジンの研究を行う部門が新設された。

その後NALでは、ロケットエンジンの燃焼試験や鹿児島県・種子島での打ち上げ実験などの研究が続けられた。

また、1964年には科学技術庁宇宙開発推進本部が発足し、政府による本格的なロケット開発の体制が整えられた。

当時は、1958年に旧ソ連が「スプートニク1号」の打ち上げに成功したことで、世界的な宇宙ブームが起きていた。加えて、1959年に伊勢湾台風の直撃によって甚大な被害を受けたことから、そうした被害を繰り返さないために、大型気象衛星や通信衛星を求める声が国内で高まっていたのだ。

しかし、日本にはペンシルロケットに始まる固体燃料ロケットの技術は蓄積があるものの、気象衛星のような大型衛星を打ち上げるための液体燃料ロケット技術はなかった。

固体燃料ロケット同様、時間はかかるが独自の研究開発を進めるか、それとも海外から技術を輸入するか――。

そして、1967年に当時の総理大臣、佐藤栄作とアメリカのジョンソン大統領の間で話し合いが行われ、日本は大型ロケット技術をアメリカから導入することに決まったのである。

外国技術依存からの脱却を目指して

そのころ、日本のロケット技術の研究開発は、文部省（当時）→東大宇宙

1959年9月に発生した伊勢湾台風による被害の様子。伊勢湾沿岸を中心に、日本各地に甚大な被害を及ぼした。

1967年11月15日、ワシントンのホワイトハウスで共同記者会見にのぞむ佐藤栄作首相（左）とジョンソン米大統領（右）。日米両国間における宇宙開発の協力に言及した。

日本初の液体燃料大型ロケットとなる「N-Iロケット」1号機。1975年9月9日に技術試験衛星「きく1号」を打ち上げ、見事に成功を収めた。

航空研究所（のちに文部省所管の宇宙科学研究所-ISASとなる）と、科学技術庁（当時）→航空宇宙技術研究所および宇宙開発推進本部、というふたつの流れがあった。アメリカからの技術導入にあたり、文部省と東大は科学衛星だけを打ち上げ、科学技術庁は大型ロケットの開発を行うという協定を結ぶことになった。

そして、種子島宇宙センターが完成した1969年に、科学技術庁宇宙開発推進本部は、宇宙開発事業団（NASDA）として新たに出発した。

NASDA発足以前、宇宙開発推進本部では「Qロケット」「Nロケット」というふたつのロケット計画を立てていた。だが、アメリカからの技術導入が決定したことでいったん白紙に戻され、NASDA設立後、改めてアメリカの「デルタロケット」を元にした「N-Iロケット」の開発がスタートしたのである。

しかし、「衛星の打ち上げはアメリカに依頼すればいい」と開発に反対する声もあった。そうした声に対し、1972年の衆議院科学技術振興対策特別委員会で、中曽根康弘科技庁長官（当時）は「（国内開発を行わず打ち上げを依頼することは）切り花を買ってきて、それがしおれていくようなものになってしまいます」と答弁し、国産技術と海外の技術のバランスを取ってスケジュールを調整し、その中で日本固有の技術を発展させていくべきという考えを示した。

こうしてN-Iロケットは、1975年に第1号機の打ち上げに成功する。ところが、アメリカからはエンジンの内部構造などの肝心なコア技術については開示されず、日本は単にアメリカのデルタロケットをライセンス生産したようなものだった。

研究者たちが忸怩《じくじ》たる思いを抱きながら研究を進める中、1979年のN-Iロケット5号機の打ち上げで、人工衛星「あやめ」の軌道投入に失敗してしまう。

すでに1974年から、N-Iの改

1981年2月11日に打ち上げられた「N-IIロケット」1号機。N-Iの後継機にあたり、より重量のある衛星を搭載できるようになった。

日本最初の静止気象衛星「ひまわり」の画像。日本初の気象衛星だが、初号機自体はアメリカの「デルタロケット」で打ち上げられた。

1981年8月11日、N-IIロケット2号機によって打ち上げられた静止気象衛星「ひまわり2号」。日本独自の気象衛星誕生の陰には、伊勢湾台風の被害という苦い経験があった。

「H-Ⅱロケット」試験機2号機の打ち上げ前の様子。H-Ⅱロケットは初の国産技術による液体燃料ロケットで、2度の打ち上げ失敗という苦い経験をバネに改良した結果、「H-ⅡAロケット」と「H-ⅡBロケット」が誕生する。

良型として国産技術の割合を増やした「N－Ⅱロケット」の開発が開始されていたが、「あやめ」の失敗を契機に、純国産技術による大型ロケット開発の気運はますます高まっていった。

高性能大型ロケットのあくなき追求

やがてN－Ⅱロケットが完成し、1981年に第1号の打ち上げに成功。

そして、1986年には、日本が独自に開発した「LE－5」エンジンを使用した「H－Ⅰロケット」の打ち上げに成功した。こうして着実に技術を蓄積していったNASDAは、1997年、ついに念願の国産大型ロケット、「H－Ⅱロケット」の打ち上げ成功にいたったのである。

だが、H－Ⅱも順風満帆とはならなかった。1998年、H－Ⅱ5号機で打ち上げた技術衛星「かけはし」の軌道投入に失敗、翌年にはH－Ⅱ8号機1段目のトラブルにより、ロケットの打ち上げ自体に失敗してしまったのだ。

当時、国内で原子力関連の事故も発生していたため、世間には科学技術行政全般に対する不信感がつのっていた。ロケット打ち上げに関しても、2度の失敗は強く非難されたが、それでも研究者たちはあきらめなかった。打ち上げ失敗で海中に落下したエンジンを捜索・回収、トラブルの原因を特定し、改良型の「H－ⅡAロケット」を開発したのである。

そして2001年、H－ⅡAの打ち上げに見事成功。その後、より打ち上げ能力を高めた「H－ⅡBロケット」の開発にも成功している。

この間、組織的な変化もあった。2003年10月、組織間の連携不足を解消し、効率的に宇宙開発を行うため、NASDA、ISAS、NALの3組織が統合され、宇宙航空研究開発機構（JAXA）が発足、現在にいたっている。

2011年1月22日、「スペースシャトル」に代わる輸送手段として注目される宇宙ステーション補給機「こうのとり2号機」(HTV2)を搭載して打ち上げられたH-ⅡBロケット2号機。H-ⅡBは主に国際宇宙ステーション(ISS)や月面への物資輸送などで使用される。

H-ⅡAロケット1号機に搭載された準国産の「LE-7A」エンジン。

2007年9月14日に種子島宇宙センターから打ち上げられたH-ⅡAロケット13号機。月周回衛星「かぐや」を搭載していた。種子島の東南端に位置する種子島宇宙センターは日本最大のロケット発射施設で、「世界一美しいロケット基地」ともいわれている。

日本の液体燃料ロケットの歩み

アメリカの技術支援を受けてスタートした日本の液体燃料ロケット開発は、試行錯誤を繰り返しながら、準国産の「H-Ⅱロケット」を完成させた。その後はより大型化、高性能化を目指し、H-ⅡA、H-ⅡBの完成を実現させている。

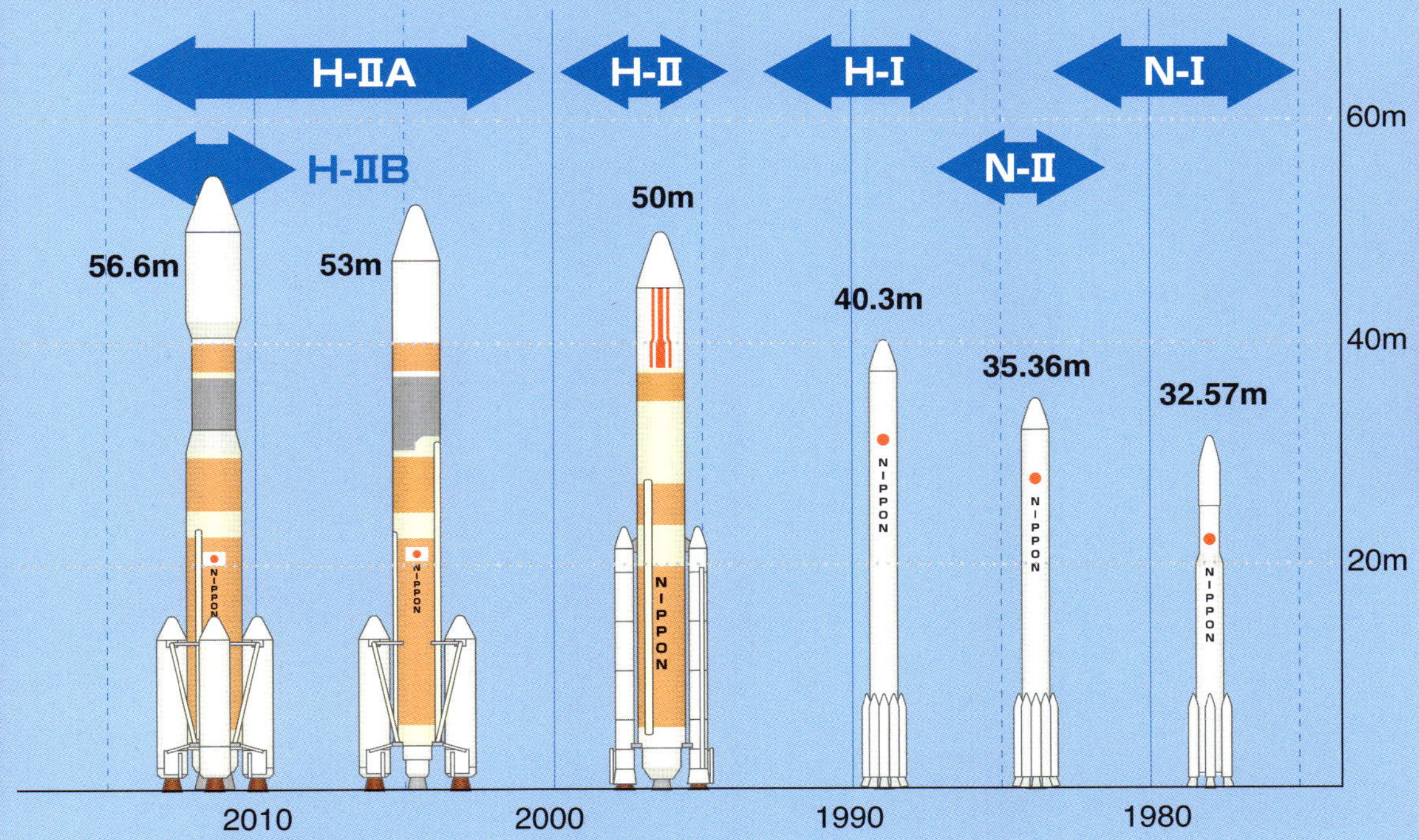

※ロケットのイラストはJAXAの資料を参考に作成

日本の技術が成し遂げた快挙

小惑星探査機「はやぶさ」の遥かな旅路

小惑星イトカワのサンプルリターンミッションを終え、地球に帰還する小惑星探査機「はやぶさ」（イメージ図）。数々のトラブルに見舞われながら、7年の歳月をかけて、延べ60億キロメートルもの旅を続けてきた。

イラストレーション＝池下章裕

宇宙開発史上初のサンプルリターンに挑戦

小惑星探査機「はやぶさ」が成し遂げたサンプルリターンは、日本の宇宙開発史において、数ある成果の中でも「快挙」と呼ぶにふさわしい事例といえるだろう。

「はやぶさ」は、2003年5月9日、内之浦宇宙空間観測所から「M－Vロケット」5号機によって打ち上げられた。宇宙科学研究所（ISAS）が宇宙航空研究開発機構（JAXA）に統合される直前のことだった。

「はやぶさ」が目指した目標は、のちに「イトカワ」と名づけられる、火星－木星間の小惑星帯（アステロイドベルト）にあるひとつの小惑星だった。小惑星は太陽系が誕生したおよそ46億年前の姿をとどめていると考えられており、小惑星からサンプルを持ち帰ることが、「はやぶさ」の大きなミッションのひとつだった。

「はやぶさ」」に搭載された4台のイオンエンジン（中央の丸い部分）。イオンエンジンはアルゴンやキセノンといったガスをイオン化し、電気の力で後方に押し出すことで推力を得る。

しかし、その道のりは苦難に満ちたものになってしまった。まず、打ち上げ直後に、4基あるイオンエンジンのうち1基が使用不能となり、飛行開始から半年後には、太陽フレアとの遭遇によって、太陽光発電パネルの効率が低下してしまう。

それでも、2005年9月には小惑星イトカワの近傍に到着。観測を開始して、イトカワの画像を地球へ送信した。そして、いよいよサンプル採取のために着陸を試みるも、1度目は着陸を確認できず（その後、表面着陸はしたものの、表面で2回バウンドしていたことが判明）、2度目の挑戦で1秒間の着陸に成功したが、サンプルが採取できたかどうかはわからなかった。

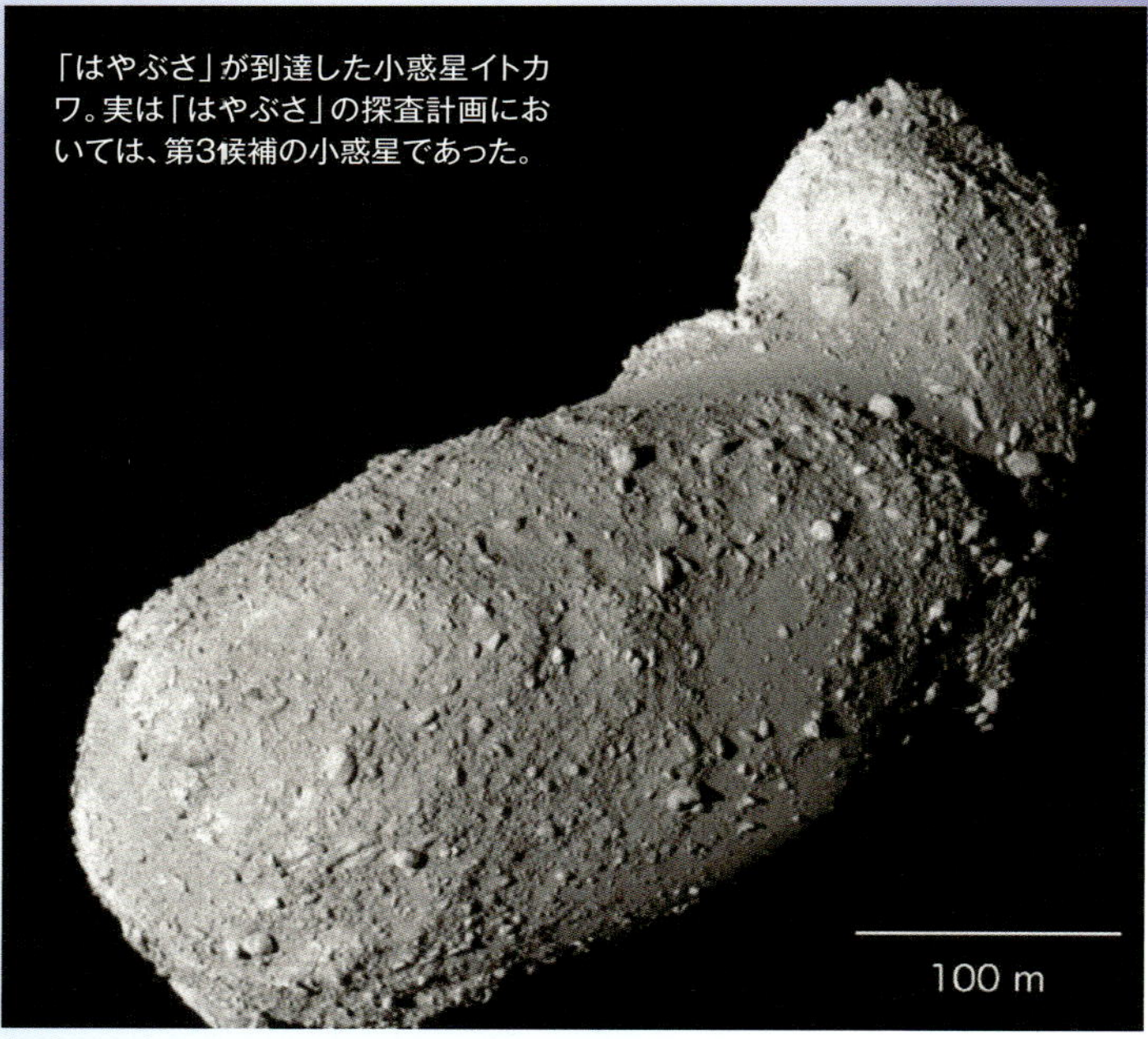

「はやぶさ」が到達した小惑星イトカワ。実は「はやぶさ」の探査計画においては、第3候補の小惑星であった。

7年の旅路の果てに帰ってきた「はやぶさ」

イトカワを離れ、地球への帰路についた「はやぶさ」だったが、その後も通信途絶などのトラブルが続く。そして、予定から遅れること3年、2010年6月13日になって、ついに「はやぶさ」は地球への帰還を果たす。

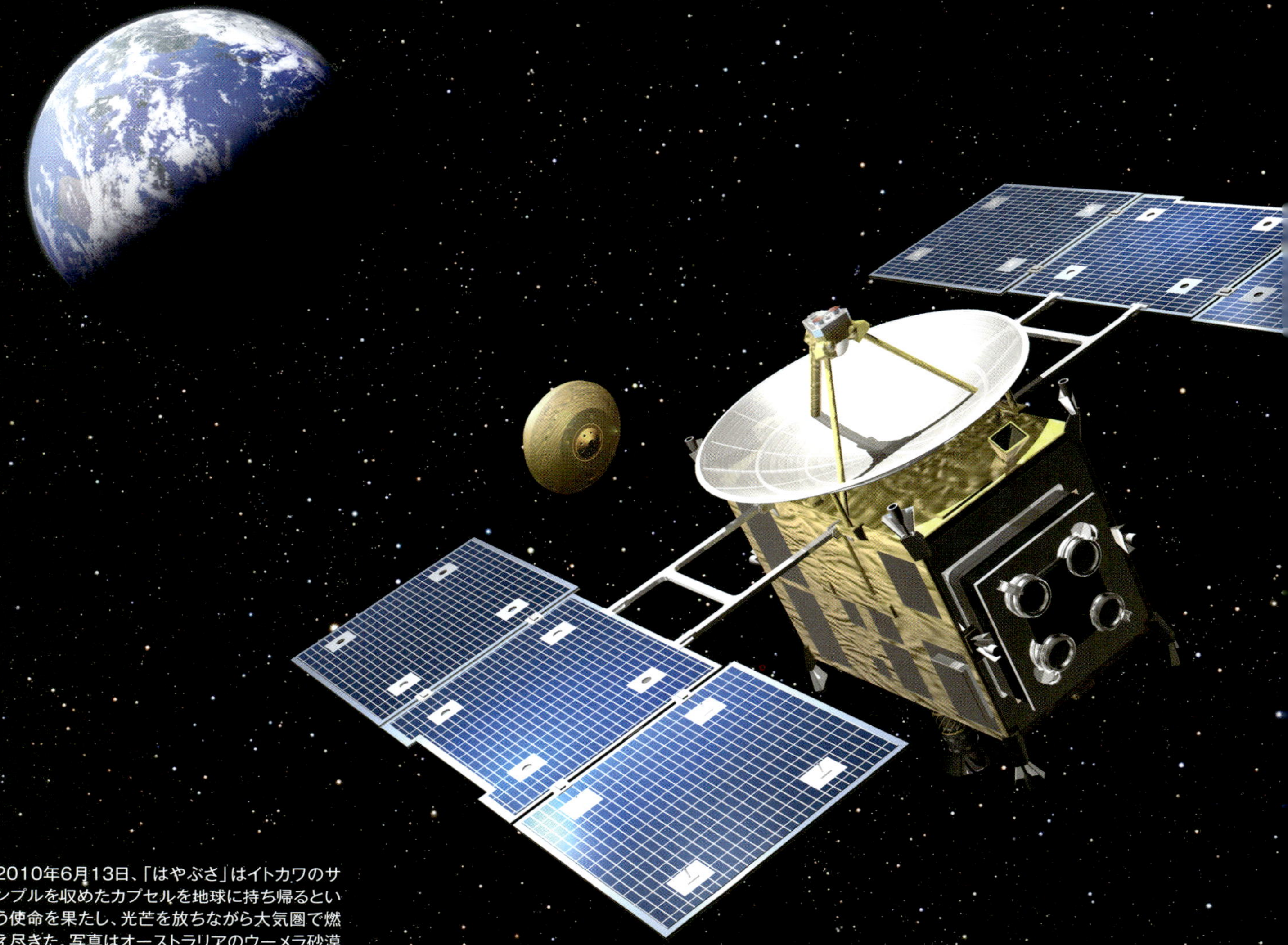

2010年6月13日、「はやぶさ」はイトカワのサンプルを収めたカプセルを地球に持ち帰るという使命を果たし、光芒を放ちながら大気圏で燃え尽きた。写真はオーストラリアのウーメラ砂漠で撮影された「はやぶさ」とカプセルの光跡。

ウーメラ砂漠に着地した再突入カプセル。翌14日に回収され、18日にJAXAの相模原キャンパスへ到着した。

「はやぶさ」が持ち帰ったイトカワの微粒子サンプル。調査の結果、太陽系誕生初期の痕跡が残されていることがわかり、さらなる解析が進められている。

探査機本体は大気圏内で燃え尽きたが、大気圏突入前に切り離された再突入カプセルは、オーストラリアのウーメラ砂漠に着陸した。再突入カプセルは無事に回収され、心配されていたサンプルについては、およそ1500個程度の微粒子ながら、たしかにカプセル内に収められていた。そして、調査の結果、微粒子はほぼすべてが地球外物質だと判明。「はやぶさ」が人類初となる小惑星からのサンプルリターンに成功したことが認められた。

イトカワのサンプルは、国内外の研究者によって現在も解析が進められている。「はやぶさ」がおよそ3・2億キロメートルもの遠い宇宙から持ち帰ったこの貴重なサンプルが、いつか太陽系誕生の謎を解明するためのカギになるかもしれない。

宇宙開発先進国としての役割を担う

世界に貢献する日本の宇宙技術

陸域観測技術衛星「だいち」の後継機として、現在運用されている「だいち2」（イメージ図）。「だいち」のレーダー（PALSAR）を高性能化させたLバンド合成開口レーダー（PALSAR-2）を搭載し、夜間でも、また曇りや雨でも影響を受けず詳細な観測が可能で、災害監視や森林観測などの幅広い分野で、より精度の高い情報の提供を目指す。

2014年5月24日、「だいち2号」を搭載した「H-IIAロケット」24号機の打ち上げの様子。

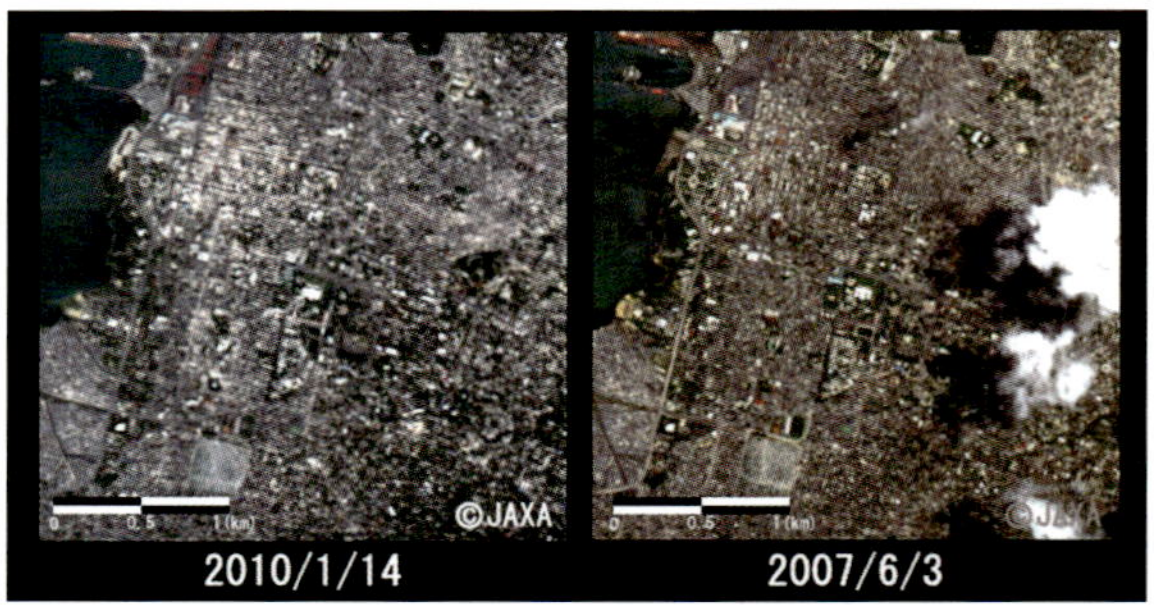

2010年1月12日、ハイチを巨大地震が襲った。写真は「だいち」が捉えたハイチの地震前後の様子で、地震により建物が倒壊した様子がわかる。災害直後に派遣された災害救助チームには、「だいち」で撮影されたデータが提供され、現地での活動を助けた。このように観測衛星のデータを利用し、災害対策に役立てる研究も進んでいる。

日本は世界で4番目に人工衛星を打ち上げた国

日本は、ソ連（現・ロシア）、アメリカ、フランスに次いで、人類史上4番目に人工衛星を打ち上げた国だ。これまでに100機以上の人工衛星や探査機を打ち上げており、いまや宇宙開発先進国の一角を占める存在である。

日本の人工衛星には、「国際貢献」という側面がある。たとえば、2006年に打ち上げられ、2011年5月に運用を終了した陸域観測技術衛星「だいち」は、日本のみならず、地球全域の陸地の観測を行い、特に発展途上国の地図の作成や更新に多いに役立った。加えて、災害時にはその被害状況を的確に捉え、避難や災害からの復興にも大いに活用されることとなった。

一般向けには、「だいち」のデータを使った3D地図を提供するサービスも開始されており、特に新興国の地図作成などへの活用が期待されている。

「だいち」と同じく、地球を観測する衛星（地球観測衛星）のひとつに、第一期水循環変動観測衛星「しずく」がある。同機は2012年5月18日に種子島宇宙センターから打ち上げられた人工衛星で、搭載された高性能マイクロ波放射計（AMSR2）により、地球の水や氷の状態を観測する。「しずく」の観測データは、環境変動の監視だけでなく、気象庁の数値モデルによる天気予測にも利用されている。

また、「しずく」はNASA主導の「A-Train」と呼ばれる軌道を飛行している。この軌道を飛ぶことで、他の国々の観測衛星と協力し、ほぼ同じ時間帯に同じ場所を観測できるようになるため、より詳細な観測の実施が可能になるのだ。

国際協力で宇宙の謎を解明する

人工衛星は、地球を観測するものばかりではない。たとえば、2006年9月23日に打ち上げられた太陽観測衛星「ひので」は、NASAやESAの太陽観測衛星と協力し、太陽の状況を観測しつづけている。

また、2005年7月10日に打ち上げられたX線天文衛星「すざく」は、国際協力のもとに開発された高性能のX線観測システムを搭載し、中性子星やブラックホールのような高いエネルギーを持つ天体を観測している。

これまでに「すざく」は、新しいタイプのブラックホールや中性子星を発見したり、「宇宙線」と呼ばれる宇宙空間を飛び交う高エネルギー粒子が生成される起源を解き明かすなど、数々の成果をあげており、「すざく」のデータが宇宙の構造と進化を解き明かす手がかりになるかもしれない。

宇宙実験を支える「きぼう」と「こうのとり」

日本の国際貢献は、人工衛星を通じたものだけではない。国際宇宙ステーション（ISS）の「きぼう」日本実験棟や、ISSに物資を輸送するための宇宙ステーション補給機「こうのとり」（HTV）も国際貢献のひとつだ。

「きぼう」は日本が開発を担当した初の有人宇宙施設で、直径4・4メートル、長さ約11メートル

第一期水循環変動観測衛星「しずく」（イメージ図）。水蒸気、海面水温、土壌水分、雪氷などを観測し、地球の水循環の監視とメカニズムの解明を目的としている。

「しずく」に搭載された高性能マイクロ波放射計（AMSR2）。

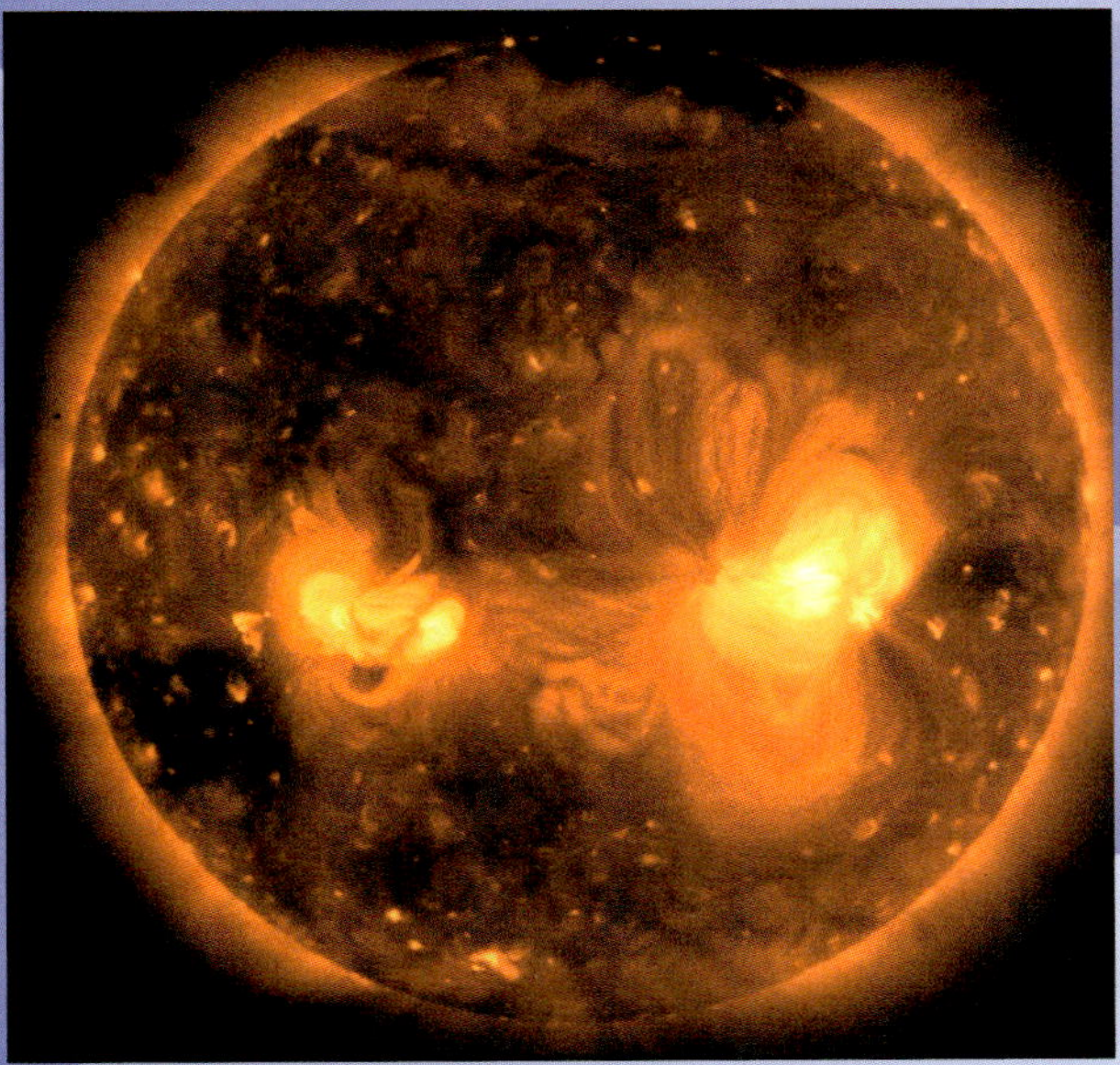

太陽観測衛星「ひので」に搭載されたX線望遠鏡で撮影した太陽のX線画像。太陽の活発な活動の様子がうかがえる。

遠距離にある天体のX線観測や、宇宙の高温プラズマのX線分光観測などを目的に運用されているX線天文衛星「すざく」（イメージ図）。

の円筒形をした船内実験室と、船外実験プラットフォーム（曝露部）という2種類の実験スペースを持つ。

船内実験室の内部は1気圧に保たれており、各種の実験装置を設置するラックが装備されている。一方の船外実験プラットフォームは、宇宙空間に直接さらされた環境にある。

このふたつの実験スペースで、微小重力や高真空の環境を利用した実験、宇宙放射線の影響を調べる実験など、未来に役立つ研究が行われているのだ。

また、「こうのとり」は「スペースシャトル」（64ページ参照）の引退以降、ロシアの「プログレス補給船」、ESAの「欧州補給機（ATV）」と並び、ー

15か国の最新技術を結集して作られた国際宇宙ステーション（ISS）。日本は「きぼう」日本実験棟や宇宙ステーション補給機「こうのとり」などで参加している。

日本初の有人実験施設となる「きぼう」日本実験棟。船内実験室（中央の円筒型施設）はISSにおける最大の実験モジュールで、最大4名まで搭乗できる。船内実験室に結合した船外実験プラットフォーム（左下）は、微小重力、高真空といった宇宙空間特有の環境にさらされた場所で、科学観測、地球観測、通信、理工学実験、材料実験などを行うことができる。

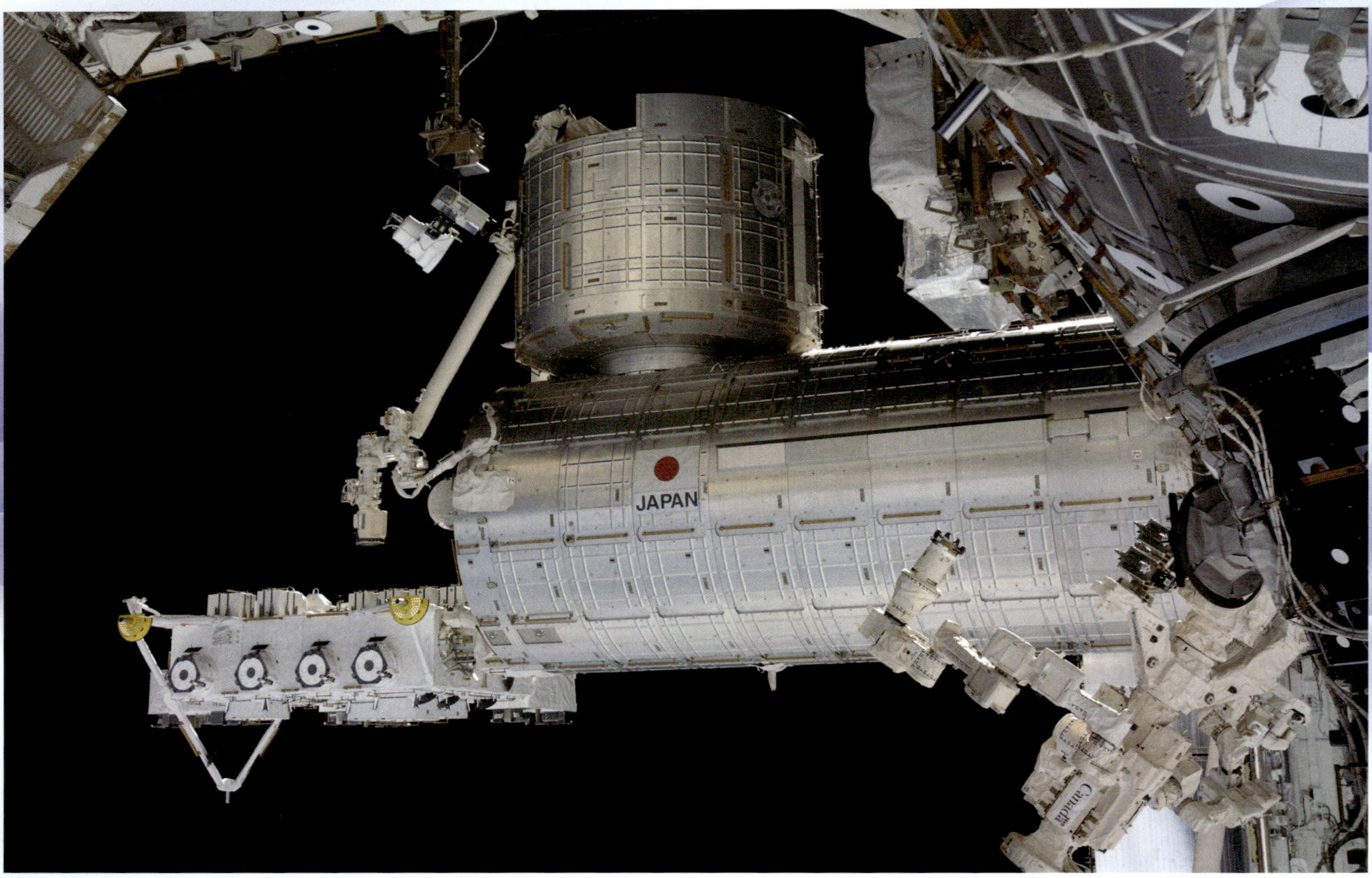

「かぐや」のハイビジョンカメラが撮影した、月面から地球が昇る「地球の出」の様子。高解像度のハイビジョン画像で写し出された月と地球の美しさは、日本のみならず世界の人々に大きなインパクトを与えた。

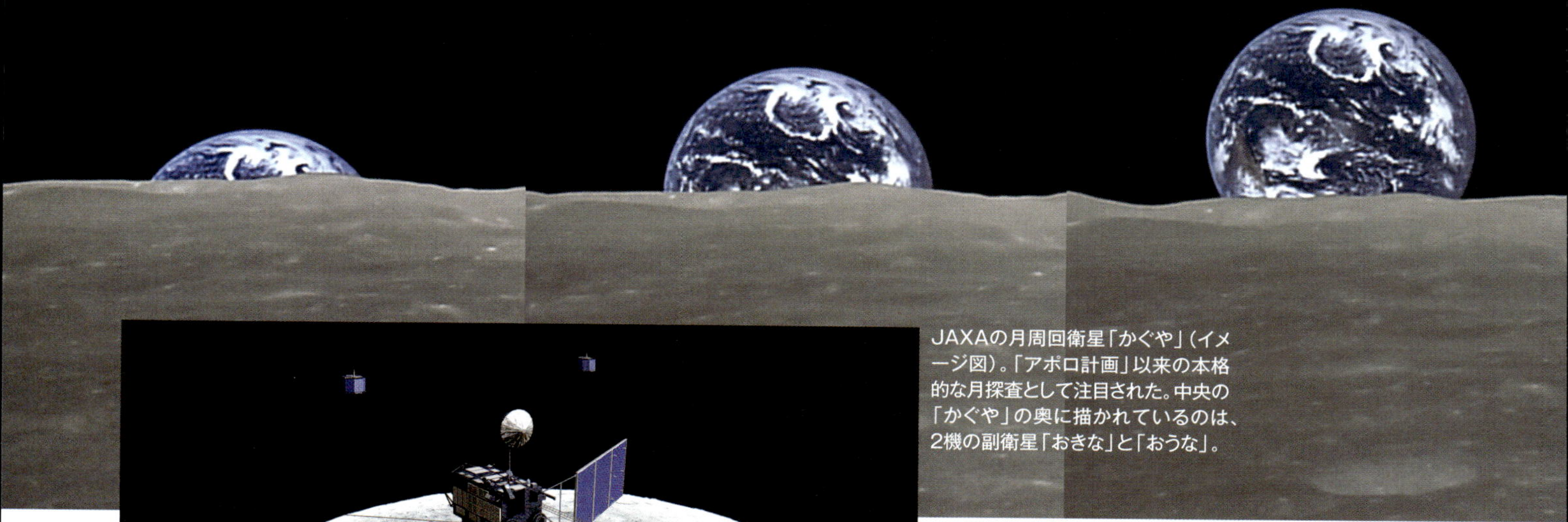

JAXAの月周回衛星「かぐや」（イメージ図）。「アポロ計画」以来の本格的な月探査として注目された。中央の「かぐや」の奥に描かれているのは、2機の副衛星「おきな」と「おうな」。

SSへの物資の補給という重要任務を担っている。

「こうのとり」は直径約4メートル、全長約10メートルで、宇宙飛行士のための食料品や衣料のほか、各種実験装置など、最大6トンの必要物資をISSへ運ぶ能力を持っている。

宇宙探査の未来を拓く 日本の最先端技術

88ページで紹介した小惑星探査機「はやぶさ」のように、宇宙探査の分野でも日本は数々の成果を挙げている。

たとえば、1990年に打ち上げられた工学実験衛星「ひてん」は、アメリカ、ロシアに続いて月軌道へ到達した衛星で、世界初となる地球によるエアロブレーキ※実験に成功を収めている。

この「ひてん」の成果は、2007年に打ち上げられた月周回衛星「かぐや」の成功へとつながっている。「かぐや」は、およそ2年の観測ミッションを行い、精密な月面のデータを収集したほか、月の地平線から地球が昇る「地球の出」をハイビジョン撮影したことでも知られている。

宇宙を航行するソーラー電力セイル実証機「IKAROS」（イメージ図）。数々の実証試験を成功させ、すべてのミッションを完了したIKAROSは、2014年5月22日現在、地球から約2億3000万キロメートルに位置し、太陽の周りを約10か月で公転している。

もうひとつ、世界に誇れる成果を挙げたのが、2010年に打ち上げられたJAXAの小型ソーラー電力セイル実証機「IKAROS（イカロス）」だ。

IKAROSは直径1.6メートルの本体部を中心に、対角線の長さが20メートルの正方形の帆を持ち、厚さ0.0075ミリメートルの帆に当たる太陽光の圧力によって推進する。

推進剤を必要としないソーラーセイル（太陽帆）での飛行を世界で初めて成功させたIKAROSは、宇宙探査の可能性を大きく広げたといっていいだろう。ちなみに、IKAROSは「世界初の惑星間ソーラーセイル宇宙機」としてギネスにも認定されている。

2012年7月21日に打ち上げられ、7月28日にISSとドッキングした宇宙ステーション補給機「こうのとり」3号機。「こうのとり」の手前に見えるのは、ドッキング作業を行った「カナダアーム2」。

※**エアロブレーキ**：惑星探査において、探査機を目標の惑星に突入させる際に生じる大気抵抗を利用して、軌道制御用のエンジンの燃料を節約するための技術。

国際宇宙ステーションを支える活動

日本人宇宙飛行士と有人宇宙飛行計画

めざましい活躍を見せる日本人宇宙飛行士

打ち上げロケットや惑星探査機、人工衛星など、日本は高い技術を有しているが、宇宙開発の分野において、アメリカ、ロシア、そして中国が持っていて日本にはない技術がある。それは「有人宇宙飛行」の技術だ。

有人宇宙飛行とは、人間が宇宙まで行き、そこで活動して再び地上へ戻ってくることである。残念ながら、日本はまだ有人宇宙飛行を実現させる独自技術を保有してはいない。

一方で、日本はこれまでに11名の宇宙飛行士（民間除く）を輩出している。宇宙飛行の技術を持たない日本に宇宙飛行士がいる理由は、「スペースシャトル計画」への参加（64ページ参照）がきっかけだった。

国の宇宙開発政策を計画する宇宙開発委員会（SAC）が、1984年の大綱改訂で、アメリカから打診があった「スペースシャトルを利用した実験」への参加を決め、翌年にはNASDA（現・JAXA）の宇宙飛行士として3名が選出された。

しかし、日本人宇宙飛行士が選出される直前、スペースシャトル「チャレンジャー号」が空中で爆発、乗員7名全員が死亡するという痛ましい事故が

2013年11月7日、若田宇宙飛行士ら第38次/第39次長期滞在クルーを乗せ、カザフスタンのバイコヌール宇宙基地から打ち上げられたロシアの「ソユーズ-FGロケット」。

国際宇宙ステーション（ISS）の「きぼう」日本実験棟の船内実験室に集合した第39次長期滞在ミッションのクルーたち。若田光一宇宙飛行士（中央）は、2013年11月7日から2014年5月14日まで、ISSに約188日間滞在し、長期滞在の後半には日本人初となる船長（コマンダー）として、クルーの指揮にあたった。

発生してしまう。スペースシャトル計画自体に大幅な見直しが行われ、それにともなって日本人宇宙飛行士の宇宙飛行も延期されることになった。

そして、毛利衛宇宙飛行士が日本人初の宇宙飛行士として、スペースシャトル「エンデバー号」で宇宙へ行ったのは、1992年9月のことだった。

それ以降、JAXAに所属する日本人宇宙飛行士はさまざまな場面で活躍し、メディアでも取り上げられる機会が増加したことから、日常的に日本人宇宙飛行士の話題を目にすることも多くなっている。

近年では、国際宇宙ステーション（ISS）への日本人宇宙飛行士の長期滞在も増え、2014年には若田光一宇宙飛行士がアジア人初となるISSの船長（コマンダー）を務めるなど、その活躍もめざましく、世界の宇宙開発シーンにおいて、日本は人的な貢献も大いに果たしているといえる（ISSについては76ページ参照）。

1992年9月12日、スペースシャトル「エンデバー号」で宇宙に飛び立った毛利衛宇宙飛行士。日本人宇宙飛行士で初めて、科学者としてスペースシャトルに搭乗した。

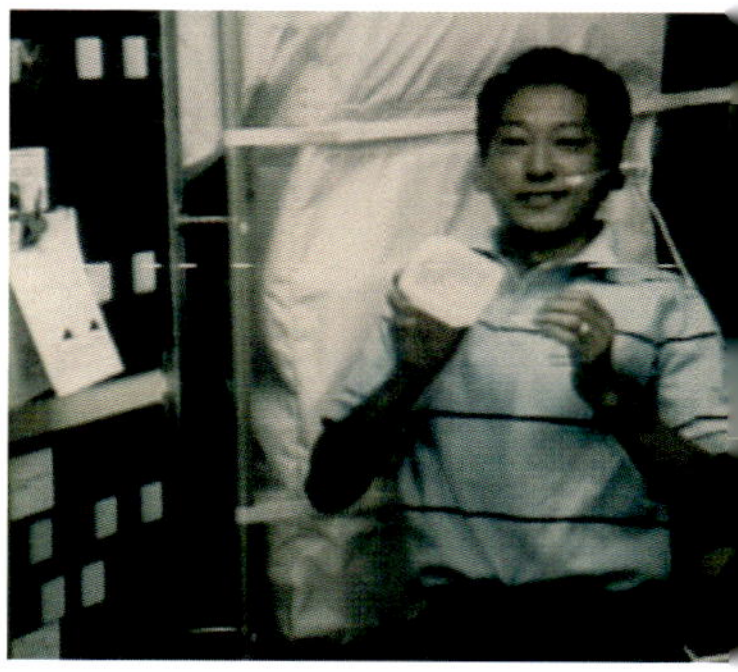

スペースシャトル内から、地上の子どもたちに向けて、宇宙授業を行う毛利宇宙飛行士。

ISSでは宇宙飛行士6名体制による長期滞在が行われており、日本人宇宙飛行士としては、2014年6月現在、若田宇宙飛行士をはじめ、野口聡一宇宙飛行士（下）、古川聡宇宙飛行士、星出彰彦宇宙飛行士（左）の4人が長期滞在クルーとしてISSに滞在した。

日本の技術による有人宇宙飛行を目指して

前述のように、日本にはまだ有人宇宙飛行の独自技術がなく、現時点で、宇宙飛行士を宇宙まで送り出すには、アメリカやロシアに協力してもらうほかない。そのため、「日本独自の有人宇宙飛行技術を持ち、定期的に宇宙飛行士を宇宙へ送り出したい」と考える日本の宇宙開発関係者や研究者は少なくない。反対に、「日本には有人宇宙飛行技術は必要ない」とする意見もある。

日本の有人宇宙飛行にとって大きな問題は「安全性」だろう。幸いなことに、宇宙空間における有人活動環境技術については、ISSで技術を蓄積することができる。しかし、打ち上げロケットや帰還モジュールに関しては、そう簡単にはいかない。

たとえば、日本の打ち上げロケット「H-ⅡB」は、約16.5トンの物体をISSの軌道に乗せることができる能力を持っている。だからといって、すぐさま「人工衛星の代わりに人間を運ぶ」ということにはならない。

人間を乗せられるようにするためには、人間が宇宙空間でも生存可能な環境を整えることはもちろん、万が一を考えた安全装置や脱出装置も必要になってくる。人工衛星や物資を運ぶのとはわけが違うのだ。

地表への帰還に関しても同様で、帰還モジュールが大気圏内で燃え尽きないために、耐熱・断熱技術のほかに適度な減速を行うための手段など、技術的な課題は多い。JAXAでは、現在ISSへの物資輸送に使用している宇宙ステーション補給機「こうのとり（HTV）」に、帰還可能なモジュールを追加した「回収機能付加型HTV（H

ロシアの宇宙船「ソユーズ」。ISSへの物資や人員の輸送は「スペースシャトル」とソユーズが担当していたが、アメリカがスペースシャトル計画を終了したことで、現在のところ、宇宙飛行士の往還にはソユーズだけが対応している状態だ。

アメリカのSpaceX社が開発した「ドラゴン宇宙補給船」。スペースシャトルに継ぐISSへの物資輸送手段として、2012年5月から運用が開始されている。

TV-R)」の構想を検討しているが、実現はまだ先のことになりそうだ。

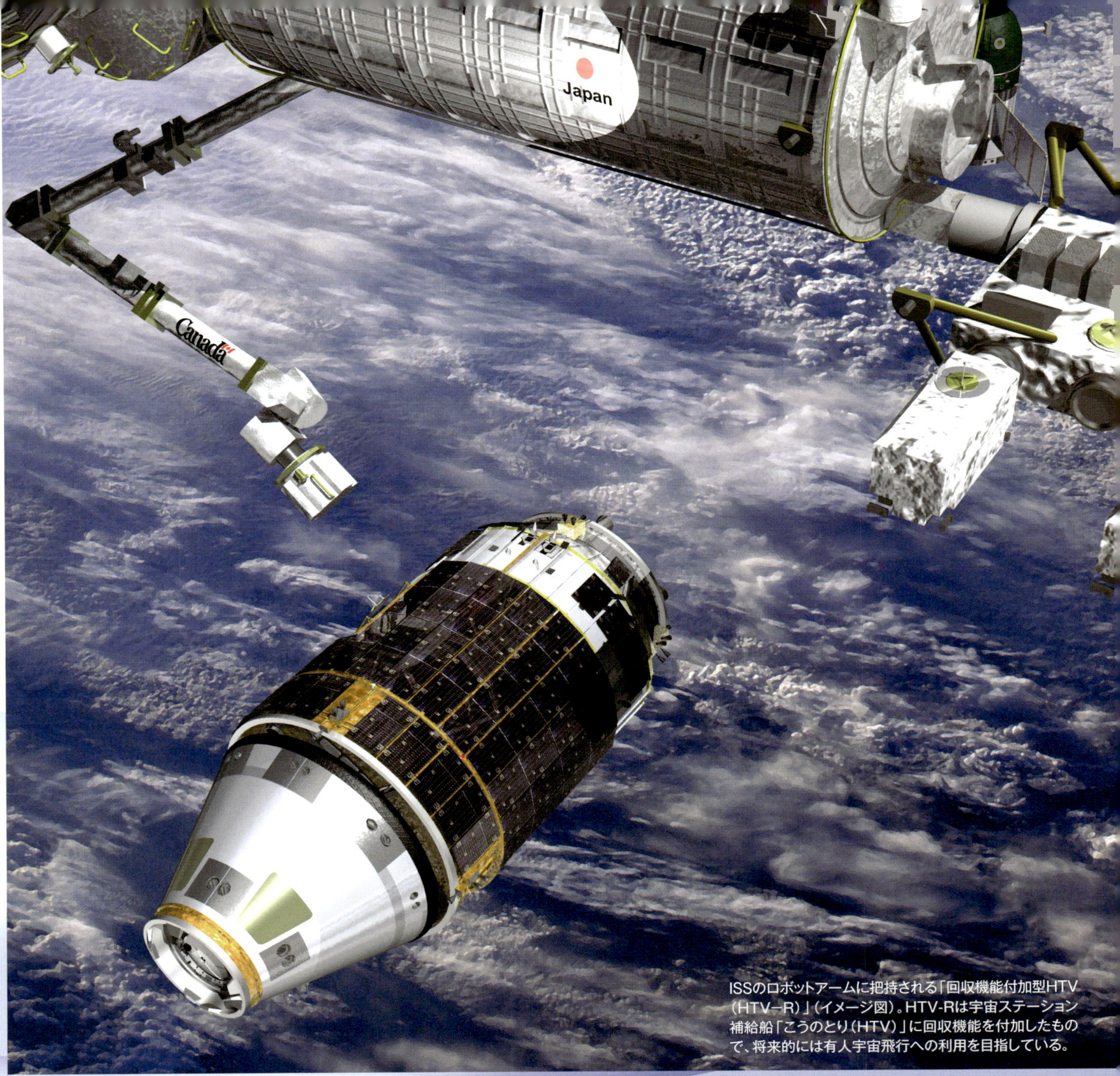

ISSのロボットアームに把持される「回収機能付加型HTV(HTV-R)」(イメージ図)。HTV-Rは宇宙ステーション補給船「こうのとり(HTV)」に回収機能を付加したもので、将来的には有人宇宙飛行への利用を目指している。

2008年の募集時に宇宙飛行士候補として選ばれ、2011年7月に正式にISS搭乗宇宙飛行士と認定された金井宣茂宇宙飛行士(左)、油井亀美也宇宙飛行士(中)、大西卓哉宇宙飛行士(右)。現在、ISS滞在のミッションに向けて訓練と準備を行っている。

チャンスはだれにでも! 宇宙飛行士になるには?

ところで、日本人宇宙飛行士の活躍に加えて、映画やアニメ、漫画などでも宇宙飛行士を題材にした作品が数多く発表されていることから、近年では、子どもたちの「将来なりたい職業」のランキングでも、宇宙飛行士が上位に入ってきているという。

では、実際に宇宙飛行士になるには、どうしたらよいのだろうか? 残念ながら、2014年6月時点で、JAXAでは新規の宇宙飛行士募集は行っていない。将来新たな募集があるかどうかは不明だが、募集が開始されれば、JAXAのホームページや広報誌、新聞、テレビニュースなどで告知されるので、興味があるなら常に情報収集を心がけておくといいだろう。

宇宙兄弟Blu-ray DISC BOX 8
¥27,000+税／ANZX-3879
（2014年6月25日発売／発売元:アニプレックス）

【収録内容】
第88話～99話収録（Blu-ray　DISC3枚組）

【完全生産限定版特典】
◯三方背ケース
◯描き下ろしデジジャケット
◯36Pブックレット
◯小山宙哉描き下ろし　映画「宇宙兄弟#0」ティザービジュアル複製色紙
◯オリジナルNOTE BOOK
◯平田広明（六太役）、KENN（日々人役）、永井幸治（読売テレビ）、植田益朗（A-1 Pictuers）オーディオコメンタリー

アニメで『宇宙兄弟』を楽しもう!

コミック『宇宙兄弟』（作:小山宙哉／講談社）は、少年時代に「ふたりで宇宙へ行こう」と誓い合った南波兄弟が、やがて夢を実現し、宇宙飛行士として活躍する物語だ。宇宙飛行士の選抜過程が詳細に描かれており、同作品のコミックやアニメを見て、宇宙飛行士に憧れるようになった人も多いという。写真はアニメ『宇宙兄弟』の1シーンより。主人公で、兄の南波六太（右）と弟の南波日々人（左）。

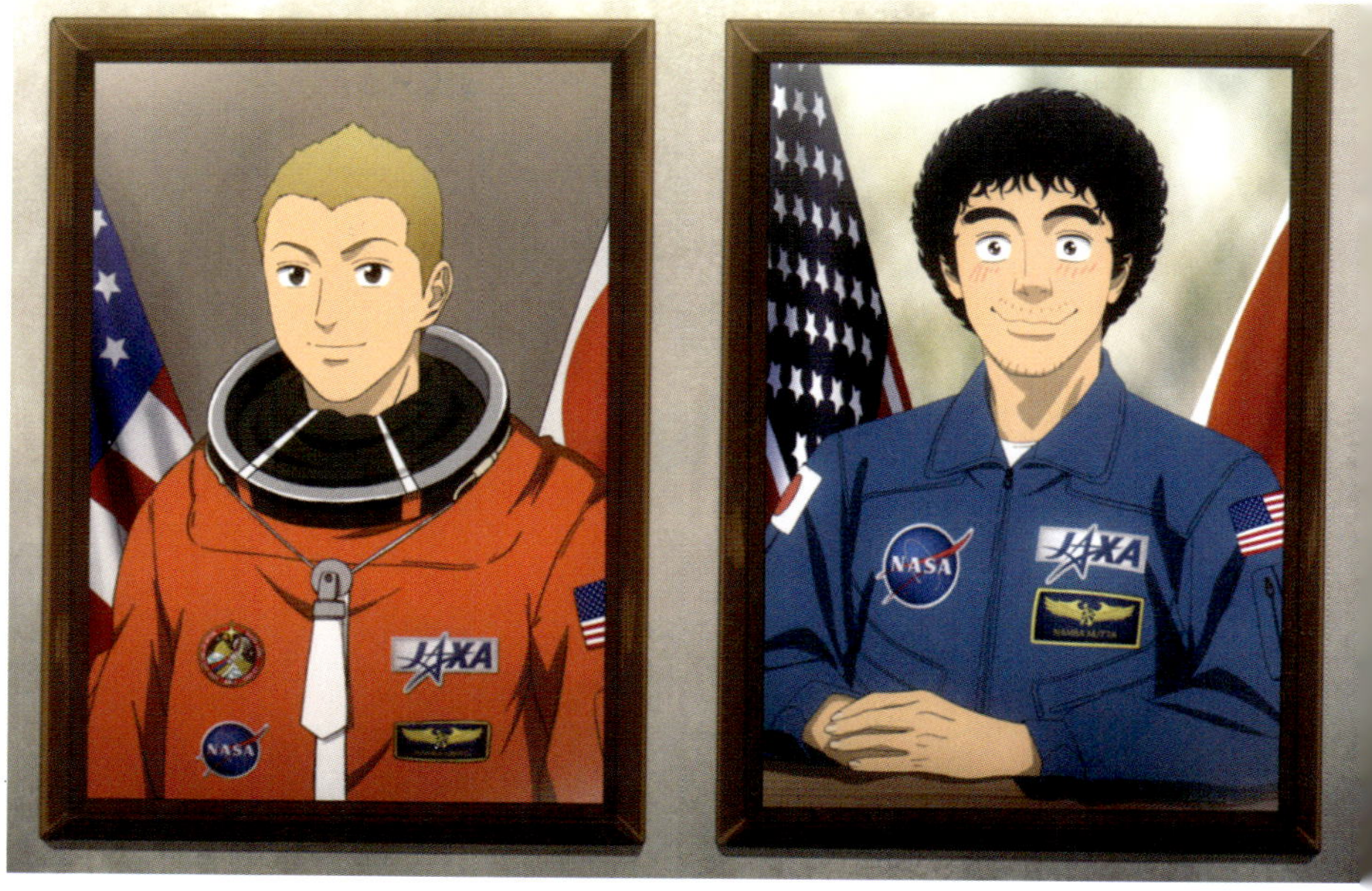

実際に募集があった場合、条件さえ満たせば、基本的にはだれでも宇宙飛行士に応募することができる。過去の募集要項から考えると、日本国籍を有し、理工学部や医学部などの自然科学系大学を卒業して、実務経験が3年以上あることや、健康であることなどの条件をクリアしていれば応募が可能だ。

ただし、応募はできても、宇宙飛行士として選ばれるまでには、さまざまな選抜試験をクリアする必要がある。人気コミックの『宇宙兄弟』（作：小山宙哉／講談社）では、その選抜過程が細かく描写されているが、書類選考や面接、健康診断などのほかに、宇宙飛行士としての適正を見るための試験も行われる。

そして、すべての試験に合格すれば、晴れて宇宙に行ける——というわけではない。合格後は、日本国内はもとより、アメリカやロシアなどでの厳しい訓練が待っている。宇宙飛行士は憧れだけでなく、覚悟と忍耐が必要な職業だということは知っておいたほうがいいだろう。

宇宙飛行士に応募するために必要な条件

❶日本国籍を有すること。
❷大学（自然科学系※）卒業以上であること。
※理学部、工学部、医学部、歯学部、薬学部、農学部等
❸自然科学系分野における研究、設計、開発、製造、運用等に3年以上の実務経験を有すること。
❹宇宙飛行士としての訓練活動、幅広い分野の宇宙飛行活動等に円滑かつ柔軟に対応できる能力（科学知識、技術等）を有すること。
❺訓練時に必要な泳力（水着および着衣で75m: 25m x 3回を泳げること。また、10分間立ち泳ぎが可能）を有すること。
❻国際的な宇宙飛行士チームの一員として訓練を行い、円滑な意思の疎通が図れる英語能力を有すること。
❼宇宙飛行士としての訓練活動、長期宇宙滞在等に適応することのできる以下の項目を含む医学的、心理学的特性を有すること。
①医学的特性
身長：158cm以上190cm以下
体重：50～95kg
血圧：最高血圧140mmHg以下かつ最低血圧90mmHg以下
視力：両眼とも矯正視力1.0以上
色覚：正常
聴力：正常
②心理学的特性
協調性、適応性、情緒安定性、意志力等、国際的なチームの一員として長期間の宇宙飛行士業務に従事できる心理学的特性を有すること。
❽日本人の宇宙飛行士としてふさわしい教養等（美しい日本語、日本文化や国際社会·異文化等への造詣、自己の経験を活き活きと伝える豊かな表現力、人文科学分野の教養等）を有すること。
❾10年以上JAXAに勤務が可能で、かつ長期間にわたり海外での勤務が可能であること。
❿米国勤務当初に必要な国際免許の取得のため、日本の普通自動車免許を採用時までに取得可能なこと。
⓫所属機関（またはそれに代わる機関）の推薦が得られること。

※JAXAの平成20年度の宇宙飛行士応募要項より抜粋·要約

限られた予算と人員で世界トップレベルを競う
挑戦しつづける日本の宇宙開発

小惑星に接近するJAXAの小惑星探査機「はやぶさ2」(イメージ図)。小惑星イトカワのサンプルリターンに成功した「はやぶさ」に続く探査計画で、2014年度中の打ち上げを目指している。

イラストレーション＝池下章裕

ESAと共同で進めている水星探査計画「BepiColombo(ベピコロンボ)」では、ふたつの周回探査機の使用が予定されている。ふたつの探査機は、水星までは一体となって進み、到達後はESA担当の水星表面探査機(MPO)と、JAXA担当の水星磁気圏探査機(MMO)に分離、それぞれが独立して観測を行う。イラストは水星に到達したMMO(イメージ図)。

近年に見られる地球の気温上昇は、地球環境に大きな影響があると考えられている。将来的な気候変動の予測が重要視されており、地球観測衛星には気候変動の監視や、地球環境のメカニズムの解明に役立つことが期待されている。写真はJAXAがESAと共同で開発している雲エアロゾル放射ミッション「EarthCARE」の衛星(イメージ図)。

さまざまな観測衛星と宇宙探査の計画

日本の宇宙開発は、アメリカやヨーロッパに比べ、非常に少ない予算と人員で活動しているのが現状だ。たとえば、JAXAの職員数はNASAの職員数の10分の1以下である。アメリカ国防総省の宇宙関連人員を加えれば、その割合はもっと少なくなる。予算についても同様に厳しい状況だ。

それでも日本が宇宙開発分野で世界のトップレベルでありつづけるために、JAXAでは5年先、10年先にわたってさまざまな計画が検討されている。

まず、観測衛星の計画としては、気候変動の将来を予測するために、気候変動観測衛星「GCOM-C」や、E

SAと共同で開発中の雲エアロゾル放射ミッション「EarthCARE」などがある。天体観測衛星では、X線天文衛星「すざく」(91ページ参照)の後継機として、「ASTRO-H」の打ち上げを予定している。

　探査機の計画としては、小惑星探査機「はやぶさ」(88ページ参照)の後継プロジェクトである「はやぶさ2」が、2014年度中の打ち上げを目指している。さらに、ESAとの共同ミッションで、水星探査計画「BepiColombo(ベピコロンボ)」も2015年度の打ち上げが予定されている。

　また、2010年5月に打ち上げられた金星探査機「あかつき」は、2010年12月時点での金星軌道投入には失敗したものの、あかつきが再び金星に最接近する2015年に金星周回軌道投入への再チャレンジが計画されている。成功すれば、金星の大気変動などの観測データが得られることになる。

イラストレーション=池下章裕

次の世代を担う新しいロケットたち

　一方、人工衛星や惑星探査機を宇宙まで運ぶロケットについても、新しい技術を確立すべく研究開発が進められている。

　人工衛星「おおすみ」を打ち上げた「L-4S」型ロケット(83ページ参照)以降、衛星の打ち上げは「ミュー(M)ロケット」に引き継がれた。そのMシリーズの最新型「M-V」の後継機として開発を進められていたのが、固体燃料ロケットの「イプシロン」だ。

　イプシロンは、1段目に「H-IIA/B」のブースターを使用し、2、3段目にはM-Vで実績を積んだロケットモーターの改良型を使うことで、高い信頼性とコストダウンを両立している。

　また、打ち上げ管制をノートパソコンでもできるようにしたことで、打ち上げまでの時間が短縮できる。2013年9月に試験機の打ち上げに成功したイプシロンは、今後さらなる改良が加えられる予定だ。

　そして、日本には現在、大型の衛星を打ち上げることのできる主力ロケットとして、液体燃料ロケットのH-IIA/Bが運用されているが、H-IIA/Bの後継となる次期主幹ロケットも2020年ごろの打ち上げが検討されている。

2013年9月14日、「イプシロン」試験機の打ち上げの様子。搭載機器を自律的に点検する能力をロケットに持たせたことにより、ノートパソコンをネットワークに接続するだけでロケットの管制が行えるという、世界でも初めての革新的なシステムが採用されている。

打ち上げリハーサル中のイプシロン試験機。高性能と低コストの両立を目標に開発された固体燃料ロケットで、次世代の宇宙輸送システムを担うロケットとして注目を集めている。

世界が目指すこれからの宇宙開発計画①

宇宙の謎の解明と有人火星探査への道

2017年の初飛行を目指し、NASAが開発している次期打ち上げロケットシステム（SLS）のイメージ図。将来の探査ミッションを可能にする重量級の打ち上げロケットで、地球低軌道以遠の目的地へ貨物やクルーを輸送できる能力を備えている。

これからの宇宙開発は国際協力が前提に

15か国が計画に参加し、完成した国際宇宙ステーション（ISS）（76ページ参照）は、科学技術分野の国際協力が実現した象徴といってもいいだろう。政治的にはいろいろな問題が横たわっているが、莫大な費用や人的資源を要する宇宙開発の分野では、国際協力は欠かせない姿なのだ。

ISSが完成し、運用にいたった現在、世界の宇宙開発は有人探査計画へコマを進めようとしている。国際的な有人探査計画について、各国の宇宙機関レベルで検討する枠組みとして、アメリカの呼びかけで国際宇宙探査協働グループ（ISECG）が立ち上がっており、国家間の協力による宇宙開発の方針が決められている。

2011年8月には、京都で第3回探査部門長会議が開催され、国際宇宙探査ロードマップ（GER）の第1版が公表された。2013年には第2版ができている。

GERでは、有人宇宙探査の共通ゴ

ISECGの国際宇宙探査ロードマップ（2013年8月版）を参照

NASAが開発中の有人宇宙船「オリオン」とSLSの上段構造（イメージ図）。オリオンは長期の深宇宙ミッションで宇宙飛行士を運び、地球に帰還させることができる。

2014年中の試験飛行に向けて、オリオンの着水衝撃実験を行う様子。

国際宇宙探査ロードマップ（GER）の共通の目的と目標

▼探査技術と能力の開発
先進技術、高信頼システム、および地球環境外での効率的な運用方法の開発・試験を通じて、地球低軌道以遠の探査目的地で活動するために必要な知識、技術、およびインフラを開発する。

▼一般市民の探査への参加
一般市民が双方向的に宇宙探査に参加する機会を提供する。

▼地球の安全性の向上
地球への小惑星衝突と軌道上の宇宙ゴミに関する国際協力による管理システムを構築し、地球の安全性を向上させる。

▼人類の存在領域の拡大
地球低軌道以遠のさまざまな目的地の探査を行いながら飛行士の人数を増やし、滞在期間を延長し、自律レベルを強化する。

▼有人探査を可能にする科学の研究
宇宙環境が人の健康や探査機に及ぼす影響を明らかにして、太陽系における将来の探査ミッションのリスクを軽減し、効率を向上させる。

▼宇宙科学、地球科学、および応用科学の研究
太陽系のさまざまな目的地での科学調査を行うとともに、その目的地に固有な環境での応用研究を実施する。

▼生命の探索
地球外生命が存在するか、または存在していたかを判断し、それらの生命を維持し、または維持していた環境を把握する。

▼経済拡大への刺激
民間企業からの技術、システム、ハードウェア、およびサービスの提供を支援または奨励することで、宇宙活動に基づいた新規市場を創出することになる。この活動により、経済、技術、および生活の質に関する利益を人々に還元する。

ISECGの国際宇宙探査ロードマップ（2013年8月版）より転載

国際宇宙探査ロードマップ（GER）

ールとして、「探査技術と能力の開発」「地球の安全性の向上」「人類の存在領域の拡大」「生命の探索」などの8項目が挙げられている。

最終的なミッションの目標は、有人による火星探査だ。現在のロードマップでは、2035〜2040年ごろの有人火星探査を目標に掲げている。

なお、第1版では「小惑星先行」と「月先行」という2通りのシナリオが検討されていたが、第2版ではISSの次のステップとして、月近傍のミッションに一本化されている。

目指すゴールは有人による火星探査

GER第2版では、将来行われる宇宙開発の予定（ミッション・シナリオ）が決められている。そこでは、現在2024年までの運用が決まっているISSをできるだけ長期間利用し、数多くの実験を行うと同時に、「宇宙探査に利用すること」「有人ミッションと無人ミッションを組み合わせることで相乗効果を生み出しつつ、月や小惑星、火星についての知識を増やすこと」「有人火星探査などの長期ミッションを実現するため、その技術開発を月の近傍で行うこと」などが盛り込まれている。

具体的なミッションの内容をいくつか挙げてみよう。たとえば、2010年代後半には小惑星の軌道を変更するミッションが行われ、その技術を2020年代半ばまでに有人小惑星探査ミッションへとつなげていく。また、月

月面基地と月面探査を行う宇宙飛行士（イメージ図）。有人月面探査は、月の資源利用の可能性を調査したり、有人宇宙探査の技術・機能試験の実施などが想定されており、その先の火星探査ミッションにつながる重要なステップと捉えられている。

ESAとロシアが進める「ExoMars（エクソマーズ）」計画において、火星表面を移動し、サンプルの回収や分析を行うローバー（イメージ図）。2016年と2018年にそれぞれ探査機を打ち上げる予定だ。NASAでも新たな火星探査ミッション「Mars 2020」を計画し、2020年の打ち上げを目指している。

については、無人着陸船によるミッションを繰り返し行い、2020年代後半には再び月面に人を送り込んで、探査を行うことを目標にしている。

これらの計画にともない、有人の宇宙船や新しい打ち上げロケット、資源を輸送するための輸送船などの開発も必要になってくる。現在、NASAでは有人宇宙船「オリオン」の開発を進めており、ロシアも新しい有人ロケットの開発を検討している。

こうした国際的な取り組みの中、日本も得意分野である機体制御やロボット技術でイニシアティブを取り、国際貢献をするとともに、宇宙開発分野での地位向上を目指すことになるだろう。

系外惑星を探す目的で打ち上げられたNASAの「ケプラー探査機」（イメージ図）。

最先端技術で宇宙の謎と生命を探る

火星への有人宇宙飛行以外にも、さまざまな計画が立てられている。その中には、太陽系以外の惑星（系外惑星）を探すための計画もある。

17世紀のドイツの天文学者ヨハネス・ケプラーが、惑星の運動を理論的に解明した「ケプラーの法則」を発表したことで、系外惑星の存在する可能性が高いと考えられてきた。

実際に系外惑星の探査が始まったのは1940年代からで、当時の観測機器は精度が低かったため、発見にはいたらなかった。初めて系外惑星が発見されたのは近年になってからだ。また、せっかく惑星を発見しても、その解析には非常に時間がかかる。

現在、ヨーロッパ南天天文台（ESO）や日本の国立天文台の「すばる望遠鏡」、ESAの宇宙望遠鏡「コロー衛星」など、世界規模で系外惑星の探査を行っている。

そんな中で、これまでに数多くの系外惑星を発見しているのが、NASAが2009年に打ち上げた「ケプラー探査機」だ。

ケプラー探査機は、恒星の前を惑星が通り過ぎるときに起こる明るさの変化を観測することで、恒星に惑星があることを発見する「トランジット法」によって系外惑星を見つけている。

2013年、トラブルの発生により、ケプラー探査機は観測を中止したが、2014年5月に新しいミッションが承認されており、今後も新たな観測データを届けてくれるはずだ。

なお、2014年に運用終了が予定されている「ハッブル宇宙望遠鏡」も、ケプラー探査機同様、系外惑星を見つけた実績を持つが、その後継となる「ジェイムズ・ウェッブ宇宙望遠鏡」が開発中であり、2018年ごろの打ち上げを目指している。

ケプラー探査機が発見した恒星と系外惑星のイメージ図。ケプラー探査機は3600個もの系外惑星候補を発見しており、そのうちの961個が系外惑星と確定された。これまでに確定している系外惑星の総数は1700個に迫っている。

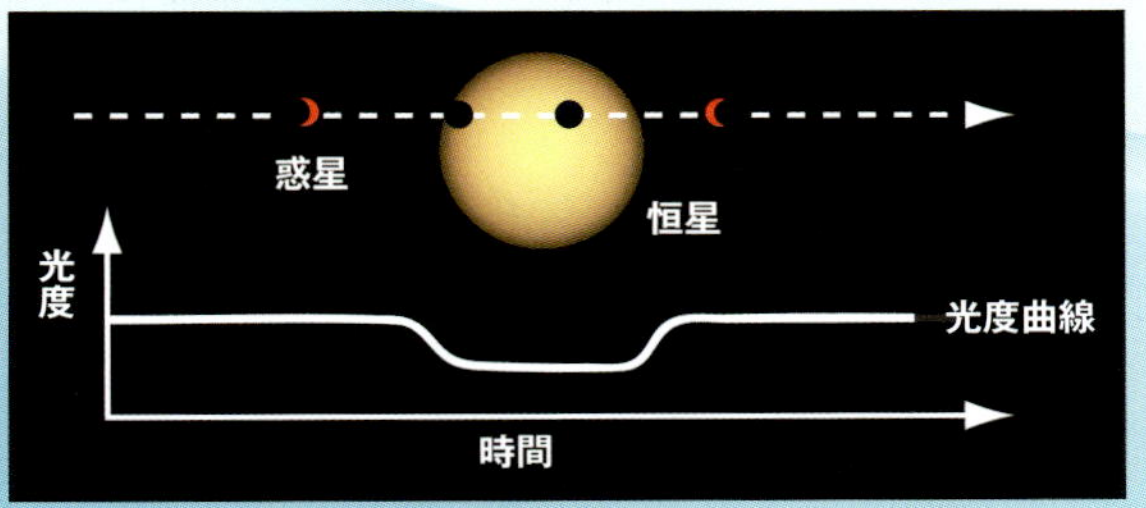

トランジット法とは？
系外惑星を観測する方法のひとつである「トランジット法」は、惑星が恒星の前を通り過ぎるときに起こる明るさの変化を観測することで惑星を見つける。ケプラー探査機はこの方法で探査を行っている。

2018年ごろの打ち上げを目指して開発が進められている「ジェイムズ・ウェッブ宇宙望遠鏡」（イメージ図）。数々の神秘的な宇宙の姿を捉え、宇宙の謎の解明にも大きな貢献を果たした「ハッブル宇宙望遠鏡」の後継として、期待が寄せられている。

世界が目指すこれからの宇宙開発計画②

だれもが宇宙旅行に行ける時代へ

アメリカ・ニューメキシコ州の宇宙専用港「スペースポートアメリカ」の滑走路の完成を記念して行われたデモフライトの様子。左下に見えるのがスペースポートアメリカで、2011年10月にはヴァージンギャラクティック社の専用ターミナルが落成した。

厳しい訓練なしで夢の宇宙空間へ

だれでも一度くらいは「宇宙への旅」を夢見たことがあるだろう。今は選ばれた人間が厳しい訓練を受けなければ宇宙へ行くことはできないが、近い将来、だれでも気軽に宇宙へ行ける時代が来るかもしれない。

宇宙開発が始まった当初、宇宙開発事業は国家が主導するプロジェクトだった。しかし、近年では徐々に民間企業も参入するようになった。これまでも、ヨーロッパなどが他国や民間企業

マザーシップの「ホワイトナイト2」とともに飛行するスペースシップ2（中央）。ホワイトナイト2はスペースシップ2を高度約15キロメートルまで運ぶ専用機で、2014年1月12日に行われた超音速飛行試験では、最大速度マッハ1.4、高度約22キロメートルに到達している。

ヴァージンギャラクティック社が開発中の「スペースシップ2」（飛行イメージ図）。全長約13.3メートルで、翼の長さは約8.2メートル。大気圏への再突入時には、「フェザー飛行」と呼ばれる尾翼を立てた形で滑空し、地上へと戻ってくる。

宇宙空間に浮かぶ宇宙ホテル（イメージ図）。各モジュール（客室）を複数連結するイメージで、数社が2010年代後半までに、こうした宇宙ホテルの開業を目指している。

イラストレーション＝久保田晃司

から人工衛星の打ち上げを委託されたり、ロシアが民間人を国際宇宙ステーション（ISS）に滞在させるといった事業が行われてきたのだが、打ち上げ事業や宇宙旅行なども民間企業が行うようになってきたのだ。

2014年時点で、もっとも現実性の高い民間の宇宙旅行事業としては、ヴァージンギャラクティック社が提供を予定している宇宙旅行事業がある。

同社の提供する宇宙旅行では、まず、専用の航空機（マザーシップ）の「ホワイトナイト2」が、宇宙船「スペースシップ2」をつり下げたまま離陸し、高度約15キロメートルに到達した時点でスペースシップ2を切り離す。

切り離されたスペースシップ2は、ロケットエンジンで高度約110キロメートルの宇宙空間に到達、6名の乗客は窓の外に広がる宇宙空間と地球の様子を楽しみながら、約4分間の無重力飛行を体験することができる、という内容だ。

ヴァージンギャラクティック社の宇宙旅行は、当初の計画からは遅れているが、スペースシップ2の超音速飛行試験などのテストが繰り返し行われており、同社は2014年内の実現を目指すとしている。

宇宙ホテルの登場で宇宙への滞在が現実に？

ヴァージンギャラクティック社以外にも、いくつかの民間企業が宇宙観光に乗り出している。

たとえば、ビゲロー・エアロスペース社は、軌道上に打ち上げた膨張式のモジュール（インフレータブル・ステーション・モジュール）による宇宙ホテルの事業を発表している。

このモジュールは、打ち上げ時には折りたたまれて小さくなっているが、軌道上で大きく膨らませることで、内部に十分な居住空間を確保できるという技術が使われている。なお、宿泊客はスペースX社の「ドラゴン宇宙船」で運ばれる予定だ。宇宙ホテルの計画は、2014～2015年の実現を目指すという。

しかし、民間企業の宇宙開発がすべてうまくいっているわけではなく、ロケットプレーン社のように、開発がうまくいかずに倒産してしまった例も少なくない。民間で宇宙旅行を実現することは、それほど簡単ではないのだ。

それでも、10～20年後には、500万円程度の費用で宇宙旅行できるようになるという予測もある。いつか、だれもがもっと安く、安全に宇宙旅行を楽しめる日がくることを期待したい。

イラストレーション＝久保田晃司

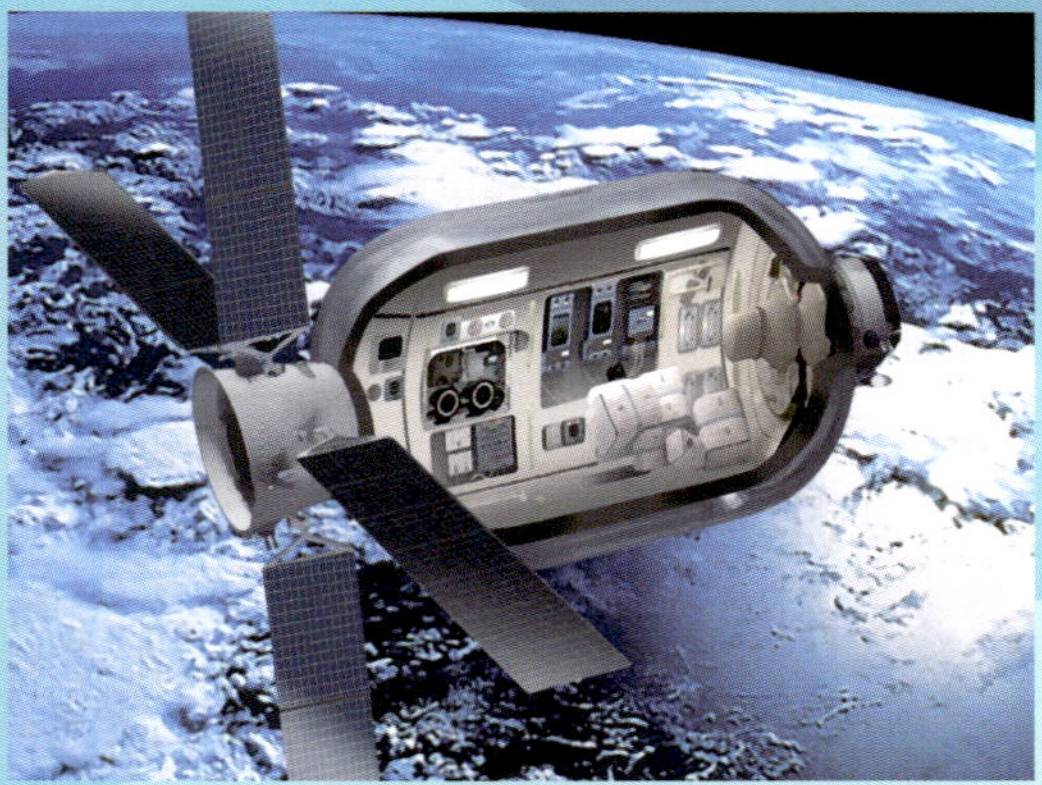

宇宙ホテルの内部（イメージ図）。ベッドはもちろんトイレ・シャワー完備で、食事も温かいものを提供する構想があるという。

スペースシップ2関連の画像提供：ヴァージンギャラクティック社
協力：株式会社クラブツーリズム・スペースツアーズ　http://www.club-t.com/space/

宇宙と地球をつなぐ宇宙エレベーター

低コストで宇宙へ行ける夢のような方法

現在、人類が宇宙へ行くためにはロケットを使わなければならないが、もっと簡単に、だれでも宇宙へ行くことができる、という夢のような話がある。それが「宇宙エレベーター」（または軌道エレベーター）というアイディアだ。

その言葉通り、宇宙空間と地表を「テザー」と呼ばれる長いケーブルでつなぎ、テザーを伝ってエレベーターのように人や物を運ぶという構想である。

宇宙エレベーターのアイディアは、長い間、思考実験やアイディアレベルの議論が行われるだけだった。宇宙エレベーターを実現させるために必要な、軽くて強い素材がなかったからだ。

静止軌道から地表までのおよそ3万6000キロメートルをケーブルでつなごうとすれば、普通の金属はもちろん、ダイヤモンドでも自らの重量によって途中で破断してしまう。

ところが、1990年代に「カーボンナノチューブ（CNT）」が発見されたことで、宇宙エレベーターは現実味を帯びてきた。CN

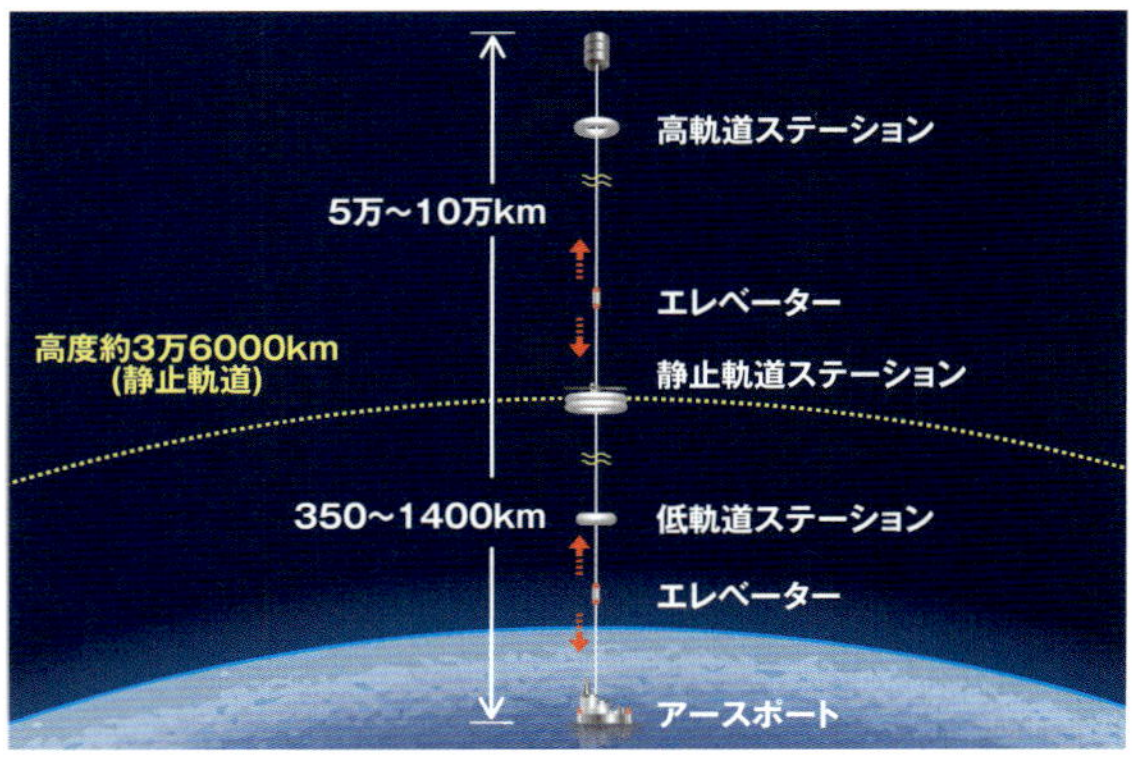

宇宙エレベーターのしくみ。静止軌道上のステーションから、バランスを取りながら上下にテザーを伸ばす。下へ伸びたテザーを固定するアースポートは、赤道上に配置することが望ましい。

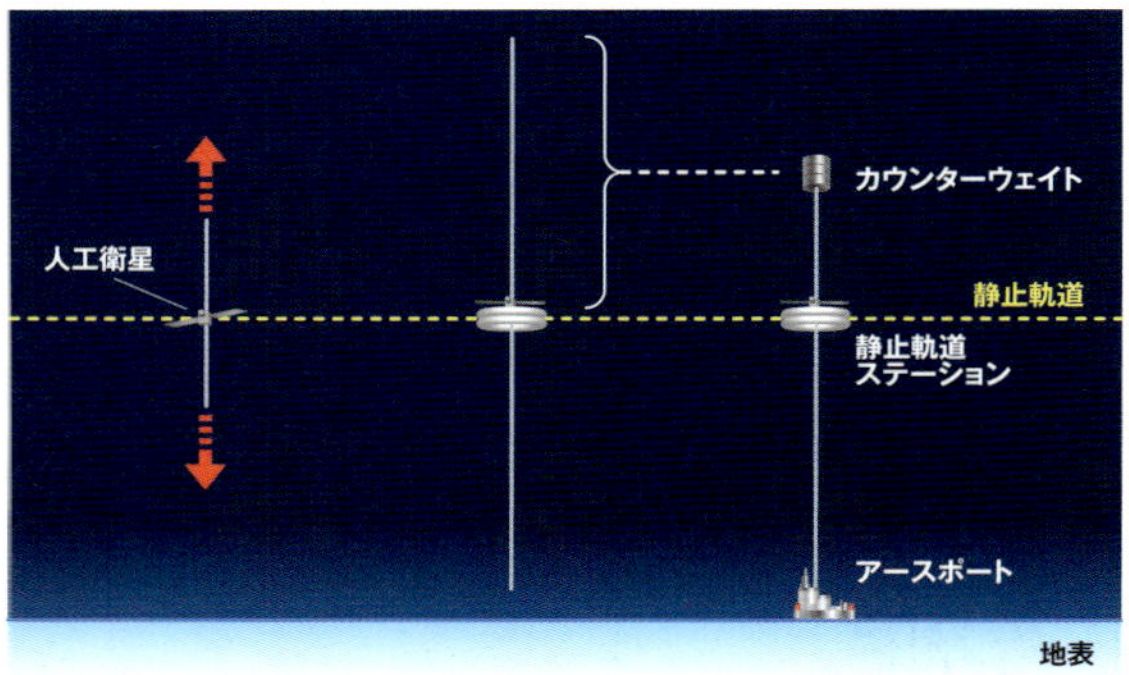

宇宙エレベーターの原理。人工衛星が重力と遠心力（慣性力）のバランスを取っているのと同様に、宇宙エレベーターも上下のバランスを取るが、上に伸ばしたテザーは同様の働きをするカウンターウェイトに置き換えることができる。

図版提供=大林組

大林組による宇宙エレベーターのイメージ図。海上に設置されたアースポートを出発したクライマーは、1週間程度の時間をかけて静止軌道ステーションに到達する。

図版提供=大林組

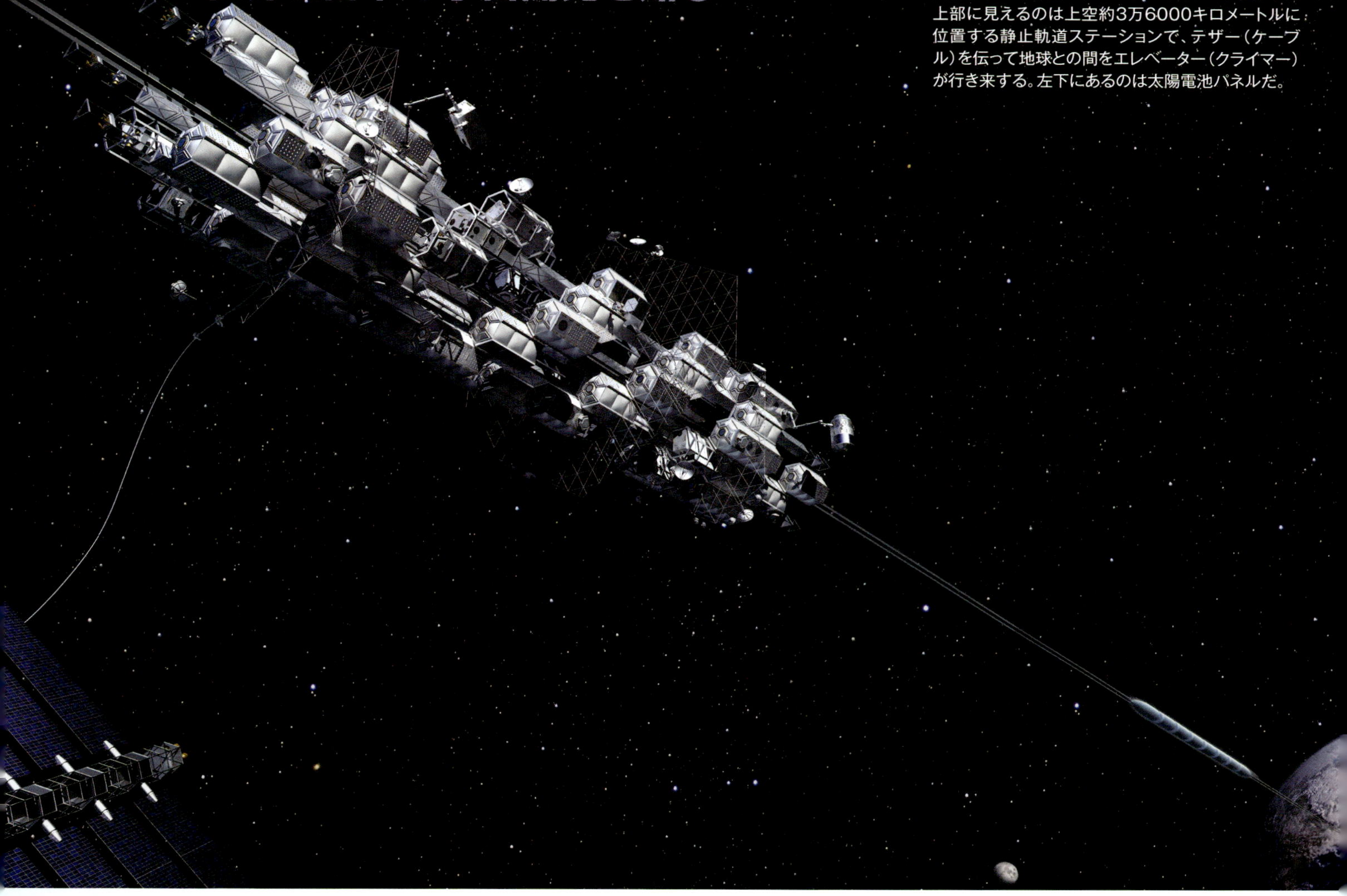

大林組による宇宙エレベーターのイメージ図。中央上部に見えるのは上空約3万6000キロメートルに位置する静止軌道ステーションで、テザー（ケーブル）を伝って地球との間をエレベーター（クライマー）が行き来する。左下にあるのは太陽電池パネルだ。

Tとは、炭素原子が編み目のように結びついて筒状になった物質で、その直径は人の髪の毛の5万分の1ほどである。それほどの細さでありながら、ダイヤモンドと同等の強度を持つという。

このCNTならば、宇宙エレベーターに必要な軽さと強さを合わせ持ったテザーが作れると期待されているのだ。

宇宙エレベーターの建設方法とは?

宇宙エレベーターの建設方法は、意外にシンプルだ。

まず、静止軌道上に宇宙ステーションを建設し、重心の位置をずらさないようにバランスを取りながら、上下にテザーを伸ばしていく。宇宙ステーションを作る代わりに、適当な小惑星を静止軌道まで移動させ、小惑星を構成する岩をテザーの材料に使う、というアイディアもある。

下（地表）に向けて伸ばしたテザーが地表に届いたら、地上の基地（アースポート）に固定する。上（宇宙空間）に伸ばしたテザーはそのまま伸ばしていくか、バランスを取るためのカウンターウェイトに置き換えれば、これで宇宙エレベーターの完成だ。

あとは、テザーを伝って人や物を運べば、非常に低いコストで宇宙への輸送が可能になる。日本の大手ゼネコン、大林組の試算によれば、打ち上げロケットで運ぶ場合に比べて、およそ100分の1というコストの安さである。

もちろん、これは非常に単純化したものであり、実際に建設するとなれば、大気の影響や万が一の安全対策、国家間の協定など、クリアしていかなければならない課題は多い。それでも、世界各国で研究が進められており、少しずつ実現性が高くなっているのだ。

たとえば、大林組では「宇宙エレベーターの建設を2020年代半ばから開始すれば、25年後の2050年には運用が可能になる」と試算している。今の小学生が働き盛りの大人になるころには、「仕事でちょっと宇宙へ行ってくる」という時代になっているかもしれない。

炭素原子の組み合わせで構成される「カーボンナノチューブ（CNT）」。単層あるいは多層の管状構造を持ち、その引っ張り強度は現在で最大150ギガパスカルといわれている(1ギガパスカル=1万気圧)。

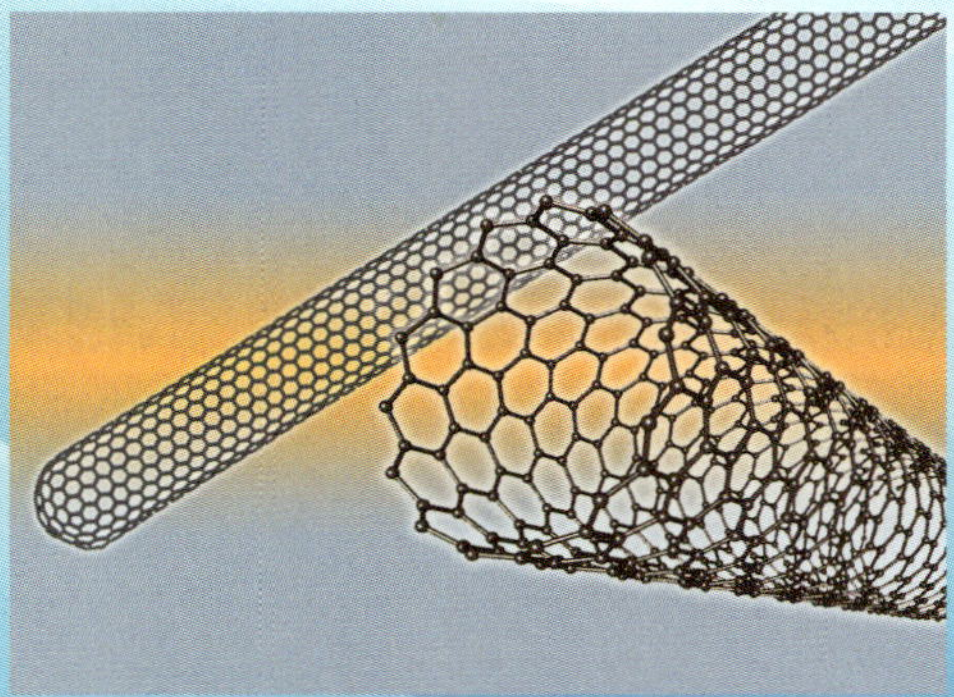

イラストレーション=久保田晃司

火星を「第2の地球」にする

地球と火星。隣り合う惑星でありながら、その環境は大きく異なっている。遠い将来、人類が他の惑星に移住する必要に迫られた場合、まずその惑星の環境を人類が生存できるものに変える必要がある。

天体の環境を変えるテラフォーミングとは?

現在確認されている限り、生命を育んでいる天体は、太陽系の中では地球だけであり、人類が他の天体で生活することは不可能だ。しかし、このまま人口が増え、地球の資源を利用しつづければ、いずれは資源が枯渇してしまうときが訪れるだろう。そのような危機を回避するためのアイディアが「テラフォーミング」だ。

テラフォーミングとは、人間の手によって他の天体を地球と同じような環境に変化させることで、「地球化」や「惑星改造」などとも呼ばれる。このアイディアの元は、アメリカの天文学者カール・セーガンが1961年に発表した論文だといわれる。論文では「金星を地球化する」というアイディアだったが、現在では金星よりも火星をテラフォーミングの対象とした研究が多い。

火星は地球の半分くらいの大きさで、気圧は地球の1パーセント、重力は地球の3分の1ほどしかない。大気の成分はほとんどが二酸化炭素で、気温の変動も激しく、季節によってマイナス130℃からプラス30℃まで大きく変化する。

厳しい環境のように思えるが、火星をテラフォーミングの対象とするには、いくつかの理由がある。火星は自転軸が約25度傾いているため、地球同様に四季が存在する。また、1日がおよそ24時間であるなど、地球と似ている点が挙げられる。そして、もっとも重要なポイントが水の存在だ。

現在の火星に液体としての水は存在

テラフォーミングによって海や湖、河川が誕生し、植物の生育が進んだ火星の地表のイメージ。NASAの研究者が公表した火星のテラフォーミングに関する論文では、火星を暖めて二酸化炭素量を増やし、大気圧を50～100ヘクトパスカルにすることで、極地のドライアイスを溶かすことができるとしている。

していないが、火星の北極と南極には水と二酸化炭素からなる「極冠」があり、大量の水分が地中に含まれている可能性も高い。つまり、火星の気温を高くすることができれば、永久凍土が溶けて海や河川ができ、雨も降るようになるのだ。

人類が住める環境に火星を「改造」する方法

テラフォーミングの基本は惑星の気温にある。平均気温がマイナス55℃という低温の火星では、「いかにして気温を上げるか」が課題となる。

火星を暖めるには、いくつかの方法が考えられる。たとえば、「宇宙空間に鏡を配置し、太陽光を反射させて火星表面を暖める」「アンモニアを含む小惑星を火星にぶつけて、温室効果ガスを発生させる」「同じく温暖化を起こす有機ハロゲン化合物を火星で生産する」「太陽光を吸収しやすい炭素系物質を地表に散布する」「巨大な縦坑を掘り、地熱を放出させる」などの方法について議論されているのだ。

火星の温度が上昇して氷が溶け、海や湖、河川ができたら、二酸化炭素を吸収して酸素を放出する藻類を持ち込む。それらの藻類は、火星の環境でも生育するように遺伝子を改変したものだ。藻類によって大気中に十分に酸素が増えれば、人類をはじめ地球の生物が呼吸できる環境が生まれるだろう。

ひとつの天体の環境をまるごと変えてしまうテラフォーミングは、荒唐無稽に聞こえるかもしれないが、その天体まで行く技術が確立すれば、環境を変えること自体はほとんどが実現可能な工業技術でできる。火星を「第2の地球」にすることは、決して不可能なことではないのだ。

NASAの探査ローバー「キュリオシティ」が撮影した火星の地表の様子。かつて火星には豊富な水があったと考えられているが、現在は岩石と砂に覆われ、荒涼とした赤い大地がどこまでも続く。

火星の南北の両極地は、大気中に含まれる二酸化炭素の25パーセントが昇華して固体となったドライアイスに覆われており、「極冠」と呼ばれる。また、極地付近のクレーター内では、純粋な氷と思われる塊も確認されている。写真は南極地域に広がる極冠の様子。

イラストレーション=久保田晃司

んでも
&A

Q 宇宙には「果て」と「終わり」がある？

A 宇宙には「果て」があるのか——つまり、有限なのか無限なのか、人類はまだその答えを手に入れていない。そもそも人類が観測できる領域には限界がある。その限界は「宇宙の地平面」あるいは「宇宙の地平線」と呼ばれており、それを越えた向こう側がどうなっているのかを知ることはできないのだ。

また、観測可能な宇宙とは、「現在の技術で観測可能」という意味ではなく、「理論上可能である」と考えられる範囲のことで、地球から465億光年の範囲と推定されている。これは、宇宙が誕生したおよそ138億年前から現在までに宇宙が膨張した距離だ。

では、宇宙の「終わり」はいつなのか。こちらも明確な答えは出ていない。現在主流となっている考えでは、宇宙は膨張を続けて1000億年後には他の銀河からの光が届かなくなり、100兆年後には最期の恒星が消えて、ゆるやかに熱的な死を迎える、というものだ。

Q 銀河はどうして円盤状になるのか？

A 銀河系のような「渦巻銀河」は、中央に厚みがあり、中心から離れるにしたがって薄くなるという円盤状の形をしている。これは銀河が回転しているためだ。ある軸を中心にした回転が生まれると、周囲にある塵や氷などの星間物質が引き寄せられていく。そして、やがて軸に対して垂直な円盤形状へと収れんしていく。

こうした現象は銀河に限らず、恒星や惑星でも同様だ。たとえば、太陽系に存在する惑星がほぼ同一の平面（黄道面）上を公転していることでもわかるだろう。

回転が生まれない、あるいは回転が非常に少ない（角運動量が小さい）場合には、一部の「楕円銀河」のように球状の形態になる。

Q 宇宙は寒い？それとも暑い？

A 宇宙は寒いのか、それとも暑いのか。宇宙空間では、実はどちらも正解だ。太い宇宙空間では、太陽光線が当たらない場所ではマイナス100℃、太陽光線の当たる場所では100℃と、その差が200℃になることもめずらしくない。人工衛星などは、こうした寒暖

Q 太陽系は猛スピードで動いている？

A 銀河系の直径は約10万光年。太陽系は、銀河系の渦状腕《わん》のひとつである「オリオン腕」の中にあり、中心からの距離は2万5000～2万8000光年だ。太陽系は銀河系の辺境に位置しているといっていいだろう。ちなみに夜空にかかる天の川は、地球から見た銀河系の姿である。

銀河系は中心を軸に回転しており、その回転にともなって太陽系も移動している。そのスピードはおよそ秒速217キロメートルで、2億5000万年ほどで一周する。また、その動きは、銀河系の水平面に対してらせんを描くように移動しているイメージだ。

地球上にいる分にはわからないが、銀河系の外から観測すれば、太陽系はすさまじいスピードで移動しているように見えるはずだ。

Q 北極星はひとつではなかった？

A 昔は旅の道しるべとして、現代でも天体観測の目印として利用される「北極星」が、実は入れ替わっていることをご存じだろうか。

紀元前1万1500年ごろはこと座のベガ（ヴェガ）、紀元前2800年ごろにはりゅう座のトゥバン、紀元前1100年ごろにはポラリスと同じこぐま座のコカブが、それぞれの時代に北極星と呼ばれる星だったと推定されている。

「常に動かない」というイメージの北極星が入れ替わるのは、地球の自転が歳差運動をしているためだ。歳差運動とは、簡単にいえばゆっくりとした首振り運動で、およそ2億5800年周期で動く。ところが太陽も動いているため、再び同じ星が北極星になることはない。

Q 「宇宙開発」という言葉は日本生まれ？

A 「宇宙開発（Space Development）」という言葉は、アメリカやヨーロッパの宇宙関連機関でも目にするが、元を正せば和製英語だ。公的に使われたのは、1960年（昭和35）に内閣府に設置された「宇宙開発審議会（Space Development Council）」が最初となる。当時、欧米には宇宙開発という概念はなく、「宇宙探査（Space Exploration）」あるいは「宇宙活動（Space Activities）」という言葉が使われていた。1969年に日米間の宇宙開発における協力を示した公文書「1969 U.S.-Japan Space Agreement」にも、Space Developmentという文字は出てこない。

宇宙開発という言葉が生まれたのは、人類の生活のために宇宙を役立てていこうと日本が考えていたからなのかもしれない。

Q ロケットにはどんな種類がある？

A 打ち上げロケットには、大別して「固体燃料ロケット（固体ロケット）」と「液体燃料ロケット（液体ロケット）」のふたつがある。固体ロケットは、固形の燃料を燃焼させて推進するロケットで、主に小型のロケットや大型ロケットの補助ロケットとして利用されている。構造がシンプルで、燃料の扱いも容易、製造や運用にかかる費用を抑えることができるというメリットがある。一方で、燃焼を制御することが困難で、燃焼の途中で停止することや再点火は難しい。

液体ロケットは、液体の推進剤と液体の酸化剤を混ぜ、燃焼させて推進力を得るロケットだ。エネルギー効率がよいため、大型のロケットに使用される。燃焼の制御が容易というメリットもある。その反面、構造が複雑で小型化や軽量化は難しい。また、推進剤・酸化剤ともに取り扱いには注意が必要で、燃料注入などにも時間がかかる。

Q 「宇宙速度」とは何か？

A 地球の周囲を回る人工衛星は、約7.9キロメートル毎秒（時速2万8400キロメートル）以上の速度がないと地表へ落下してしまう。この速度を「第一宇宙速度」と呼ぶ。人工衛星は、第一宇宙速度を維持しつづける限り、地球を周回する軌道に乗って移動することができる。

しかし、非常に薄いながらも存在する大気による抵抗などの影響で、人工衛星の速度は次第に遅くなってしまう。そこで、人工衛星を地表に落下させないように、重力による加速を行うため、より高い高度へ移動する必要がある。

第一宇宙速度よりも速度を上げて、約11.2キロメートル毎秒（時速4万300キロメートル）よりも速くなると、地球の重力を振り切って宇宙に飛び出すことができる。この速度を「第二宇宙速度」と呼ぶ。地球から別の天体に行くための速度でもあるため、「脱出速度」とも呼ばれる。

Q 惑星探査機は目標に向けてまっすぐ飛んでいない？

A 惑星探査機に搭載できる推進剤は量が限られているため、できるだけ節約して飛びたい。そのためには、他の天体に向かってまっすぐ飛ぶのではなく、「ホーマン軌道」と呼ばれる楕円軌道で飛ぶほうが効率的だ。地球も他の天体も太陽を中心とした円軌道を描いて飛んでおり、太陽の重力に逆らわずにひとつの軌道から別の軌道へ移るためには、ホーマン軌道が理にかなっているのだ。

実際の探査機では、ホーマン軌道と「スイングバイ航法」を組み合わせて使う。スイングバイ航法とは、天体の重力を加速、または減速に利用する宇宙空間の航法で、「重力アシスト」あるいは「重力ターン」などとも呼ばれる。加速する場合には、天体の進行方向とは逆の面に侵入し、天体に落下するエネルギーを受け取って加速する。減速する場合には、天体の進行方向に回り込む形で侵入し速度を重力で打ち消す。

このように、宇宙のどこにでもある重力をうまく利用しながら、探査機は効率よく目的地に向かって飛んでいくのだ。

Q 「スペースデブリ」とは何か？

A 1957年に人類初の人工衛星が打ち上げられてから、これまでに人類は地球を周回する軌道上にさまざまなデブリ（破片、残骸）をまき散らしてきた。「宇宙ゴミ」とも呼ばれる「スペースデブリ」は、人類の宇宙開発が進むたびに増えているのだ。

スペースデブリには、塗膜片や金属片のようなマイクロメートルクラスの物体から、数ミリメートル～数センチメートルの人工衛星、そして、ロケットの破片、不要になって宇宙空間に放り出された部品、原子力電池から放出された冷却剤の塊、宇宙飛行士が誤って放出してしまった工具、さらには制御不能になった人工衛星など、1メートル以上の大きな物体まである。

スペースデブリは、1980年代中ごろからその危険性が指摘されるようになった。国際宇宙ステーション（ISS）では、実際にスペースデブリが衝突したり、スペースデブリを回避するために移動したりしている。

スペースデブリは増加する一方だが、根本的な解決策はまだ見つかっていない。

主な参考資料●『宇宙がまるごとわかる本』(学研パブリッシング)/『宇宙開発がまるごとわかる本』(学研パブリッシング)/『ハッブル宇宙望遠鏡によるビジュアル宇宙図鑑』(沼澤茂美、脇屋奈々代著 誠文堂新光社)/『太陽系ビジュアルブック改訂版』(アスキー)/『理科年表読本 太陽系ガイドブック 100億キロの旅』(寺門和夫著 丸善)/『徹底図解 宇宙のしくみ』(新星出版社)/『史上最強カラー図解 宇宙のすべてがわかる本』(渡部潤一監修 ナツメ社)/『宇宙の新常識100』(荒舩良孝著 ソフトバンククリエイティブ)/『完全図解・宇宙手帳―世界の宇宙開発活動「全記録」』(渡辺勝巳著 講談社)/『「NASA」と「JAXA」がよくわかる本』(造事務所著 PHP研究所)/『逆転の翼 ペンシルロケット物語』(的川泰宣著 新日本出版社)/『Newton別冊 探査機はやぶさ7年の全軌跡』(ニュートンプレス)/『季刊大林』53号「タワー」(大林組CSR室)/『航空宇宙技術研究所史』(航空宇宙技術研究所)/『宇宙開発事業団史』(宇宙開発事業団)/『別冊日経サイエンス 宇宙の誕生と終焉』(日経サイエンス社)/『理科年表 平成26年』(国立天文台編纂 丸善出版)/他

主な参考サイト● NASA(アメリカ航空宇宙局) http://www.nasa.gov/
ESA(欧州宇宙機関) http://www.esa.int/ JAXA(宇宙航空研究開発機構) http://www.jaxa.jp/
ESO(ヨーロッパ南天天文台) http://www.eso.org/ NAOJ(国立天文台) http://www.nao.ac.jp/
※その他、多数の書籍やウェブサイトを参考にさせていただいております。

●写真・図版クレジット ※クレジット表記を要さないものは除く

2-3◉NASA●NASA ESA, T. Megeath (University of Toledo) and M. Robberto
6-7◉NASA●Illustration by Medialab, ESA 2001●NASA/JPL-Caltech
8-9◉Courtesy of NASA/SDO and the AIA, EVE, and HMI science teams.●SOHO (ESA & NASA)
10-11◉Courtesy of NASA/SDO and the AIA, EVE, and HMI science teams.●SOHO (ESA & NASA)●SOHO (ESA & NASA)●NASA●Luc Viatour●NASA
12-13◉NASA●NASA/Johns Hopkins University Applied Physics Laboratory/Carnegie Institution of Washington●NASA●NASA
14-15◉NASA/Johns Hopkins University Applied Physics Laboratory/Carnegie Institution of Washington●NASA/Johns Hopkins University Applied Physics Laboratory/Carnegie Institution of Washington●NASA/Johns Hopkins University Applied Physics Laboratory/Carnegie Institution of Washington/National Astronomy and Ionosphere Center, Arecibo Observatory●NASA/Johns Hopkins University Applied Physics Laboratory/Carnegie Institution of Washington●NASA/Johns Hopkins University Applied Physics Laboratory/Carnegie Institution of Washington●NASA/Johns Hopkins University Applied Physics Laboratory/Carnegie Institution of Washington●NASA/Johns Hopkins University Applied Physics Laboratory/Carnegie Institution of Washington
16-17◉ESA/MPS/DLR/IDA●ESA/VIRTIS/INAF-IASF/Obs. de Paris-LESIA●ESA/VIRTIS-VenusX Team●NASA/JPL●ESA/VIRTIS/INAF-IASF/Obs. de Paris-LESIA
18-19◉NASA●ESA/C.Carreau●ESA/Wei et al (2012)●NASA●ESA/AOES Medialab●NASA/JPL
20-21◉久保田晃司●Marilena Signorini-Fotolia.com●NASA Goddard Space Flight Center Image by Reto St?ckli (land surface, shallow water, clouds). Enhancements by Robert Simmon (ocean color, compositing, 3D globes, animation). Data and technical support: MODIS Land Group; MODIS Science Data Support Team; MODIS Atmosphere Group; MODIS Ocean Group Additional data: USGS EROS Data Center (topography); USGS Terrestrial Remote Sensing Flagstaff Field Center (Antarctica); Defense Meteorological Satellite Program (city lights).●NASA
22-23◉NASA●U.S. Navy photo by Gary Nichols●karrapavan/Shutterstock.com●NASA Ozone Watch●NASA/T. Benesch, J. Carns
24-25◉NASA●NASA/JPL/USGS●NASA/JPL/USGS●NASA
26-27◉NASA●NASA●NASA/JPL●NASA/JPL●NASA/JPL-Caltech/University of Arizona●NASA/JPL-Caltech/University of Arizona
28-29◉NASA/JPL/University of Arizona●NASA/JPL-Caltech●NASA/JPL-Caltech/MSSS●ESA/DLR/FU Berlin (G. Neukum)●NASA/JPL-Calech/University of Arizona/Texas A&M University●NASA/JPL-Caltech/MSSS/ASU●NASA/JPL-Caltech/MSSS
30-31◉NASA/JPL●NASA, ESA, J. Parker (Southwest Research Institute), P. Thomas (Cornell University), L. McFadden (University of Maryland, College Park), and M. Mutchler and Z. Levay (STScI)●NASA/JPL-Caltech●NASA/JPL-Caltech/UCLA/MPS/DLR/IDA●NASA
32-33◉NASA, ESA, M. H. Wong (University of California, Berkeley), H. B. Hammel (Space Science Institute, Boulder, Colo.), I. de Pater (University of California, Berkeley), and the Jupiter Impact Team●NASA/JPL●NASA/JPL/University of Arizona●NASA/JPL/Space Science Institute
34-35◉NASA●X-ray: NASA/CXC/SwRI/R.Gladstone et al.; Optical: NASA/ESA/Hubble Heritage●NASA/JPL/Ted Stryk● NASA/JPL-Caltech●NASA Planetary Photojournal
36-37◉NASA/JPL/Space Science Institute●NASA/JPL/Space Science Institute●NASA/JPL/University of Colorado●NASA/Hubble/Z. Levay and J. Clarke
38-39◉NASA/JPL/Space Science Institute●NASA/JPL/Space Science Institute●NASA/JPL/Space Science Institute●NASA/JPL/Space Science Institute●NASA/JPL/ESA●ESA/NASA/JPL/University of Arizona●ESA/NASA/JPL/University of Arizona●NASA/JPL/Space Science Institute
40-41◉NASA Planetary Photojournal●NASA/ESA/STScI●NASA/Space Telescope Science Institute●NASA/JPL
42-43◉NASA/JPL/USGS●NASA Jet Propulsion Laboratory●NASA●NASA Planetary Photojournal●NASA/JPL
44-45◉NASA, ESA, and M. Buie (Southwest Research Institute)●NASA, ESA, H. Weaver (JHU/APL), A. Stern (SwRI), and the HST Pluto Companion Search Team●NASA●Alan Stern (Southwest Research Institute), Marc Buie (Lowell Observatory), NASA and ESA●NASA
46-47◉NASA/JPL●NASA●NASA/JPL-Caltech/WISE Team●NASA●Johns Hopkins University Applied Physics Laboratory/Southwest Research Institute (JHUAPL/SwRI)●Johns Hopkins University Applied Physics Laboratory
48-49◉NASA, NOAO, ESA and The Hubble Heritage Team (STScI/AURA)●NASA, ESA, and the Hubble Heritage Team (STScI/AURA)●NASA, ESA, and M. Livio and the Hubble 20th Anniversary Team (STScI)
50-51◉NASA, ESA, and E. Sabbi (ESA/STScI)●NASA/JPL-Caltech/NOAO●NASA, ESA, J. Hester and A. Loll (Arizona State University)●NASA, ESA, STScI, J. Hester and P. Scowen (Arizona State University)
52-53◉NASA/JPL-Caltech●Hubble Heritage Team, ESA, NASA●NASA, ESA, and the Hubble Heritage Team (STScI/AURA)
54-55◉NASA, ESA, and The Hubble Heritage Team (STScI/AURA)●NASA, ESA, and The Hubble Heritage Team (STScI/AURA)●NASA, ESA, and the Hubble Heritage (STScI/AURA)-ESA/Hubble Collaboration●NASA, ESA, the Hubble Heritage Team (STScI/AURA)-ESA/Hubble Collaboration, A. Evans (University of Virginia, Charlottesville/NRAO/Stony Brook University), K. Noll (STScI), and J. Westphal (Caltech)●NASA, ESA, the Hubble Heritage Team (STScI/AURA)-ESA/Hubble Collaboration, and K. Noll (STScI)
56-57◉NASA, ESA, and J. Lotz, M. Mountain, A. Koekemoer, and the HFF Team (STScI)●久保田晃司●NASA, ESA, and the Hubble SM4 ERO Team●NASA, ESA, and E. Hallman (University of Colorado, Boulde)
58◉久保田晃司
60-61◉NASA●NASA●NASA●NASA
62-63◉NASA●Apollo 17 Crew, NASA; Mosaic Assembled & Copyright: M. Constantine (moonpans.com) ●NASA/JSC●NASA●NASA●NASA
64-65◉NASA●NASA●NASA Dryden Flight Research Center (NASA-DFRC)●NASA●NASA
66-67◉(ページ内すべて)NASA
68-69◉NASA●NASA●NASA●NASA●NASA●NASA/GSFC●NASA
70-71◉NASA●NASA●NASA/Carla Cioffi●NASA/Carla Cioffi●NASA●NASA
72-73◉ESA●ESA/CNES/ARIANESPACE-Optique Photo Video du CSG, 2013●ESA/MPAe Lindau●ESA●ESA
74-75◉NASA●NASA●久保田晃司●AFP=時事●AFP=時事●EPA=時事
76-77◉NASA●NASA●ESA - D. Ducros●JAXA●JAXA
78-79◉NASA●NASA●NASA●NASA●NASA●JAXA/NASA●NASA●NASA
80-81◉JAXA●Photoshot/時事通信フォト●JAXA●JAXA●JAXA●JAXA●JAXA
82-83◉(ページ内すべて)JAXA
84-85◉毎日新聞社/時事通信フォト●時事通信フォト●JAXA●JAXA●JAXA●JAXA
86-87◉(ページ内すべて)JAXA
88-89◉JAXA●JAXA●池下章裕●JAXA●JAXA●JAXA
90-91◉JAXA●JAXA●JAXA●JAXA●JAXA●NAOJ/JAXA●JAXA
92-93◉JAXA/NHK●NASA●JAXA/NASA●JAXA●JAXA●JAXA/NASA
94-95◉NASA/Bill Ingalls●JAXA/NASA●JAXA/NASA●JAXA/NASA●JAXA/NASA●JAXA/NASA●NASA●NASA
96-97◉JAXA●JAXA●©小山宙哉・講談社/読売テレビ・A-1 Pictures
98-99◉池下章裕●池下章裕●ESA - P. Carril, 2013●JAXA/JOE NISHIZAWA●JAXA
100-101◉NASA●NASA●NASA/Sean Smith
102-103◉ESA - ACES Medialab●ESA●NASA/Ames Wendy Stenzel●NASA●NASA Ames●NASA
104-105◉(スペースシップ2関連3点)ヴァージンギャラクティック社●(宇宙ホテル2点)久保田晃司
106-107◉(宇宙エレベーター2点)大林組●久保田晃司
108-109◉Venus - ESA, Earth - ESA, Mars - ESA © 2007 MPS for OSIRIS Team MPS/UPD/LAM/IAA/ RSSD/INTA/UPM/DASP/IDA●久保田晃司●NASA/JPL-Caltech/MSSS●NASA/JPL-Caltech/MSSS

一冊でまるわかり! 宇宙
2014年8月19日 第1刷発行

編集制作● 出口富士子(ビーンズワークス)
執筆協力● 水野寛之
デザイン● 新井美樹(Le moineau)
イラストレーション● 池下章裕(P88-89, P98-99)/
久保田晃司(P20, P56, P58, P74, P105, P107, P108-109)
イラスト制作● 有限会社ケイデザイン
写真・図版協力● 宇宙航空研究開発機構(JAXA)/日本宇宙フォーラム/大林組/クラブツーリズム・スペースツアーズ/アニプレックス/NASA/ESA/時事通信フォト/シャッターストック/Fotolia/他

編者● 宇宙科学研究倶楽部
発行人● 脇谷典利
編集人● 土屋俊介
企画編集● 宍戸宏隆

発行所● 株式会社 学研パブリッシング
〒141-8412 東京都品川区西五反田2-11-8
発売元● 株式会社 学研マーケティング
〒141-8415 東京都品川区西五反田2-11-8
印刷所● 凸版印刷株式会社

[この本に関する各種の問い合わせは、次のところへご連絡ください]
【電話の場合】
●編集内容については Tel 03-6431-1506(編集部直通)
●在庫、不良品(落丁、乱丁)については Tel 03-6431-1201(販売部直通)
【文書の場合】
〒141-8418 東京都品川区西五反田2-11-8
学研お客様センター「一冊でまるわかり! 宇宙」係

●この本以外の学研商品に関するお問い合わせは下記まで。
Tel 03-6431-1002(学研お客様センター)